ウルフ・ウォーズ

オオカミはこうしてイエローストーンに復活した

ハンク・フィッシャー
朝倉 裕・南部成美 訳

白水社

ウルフ・ウォーズ——オオカミはこうしてイエローストーンに復活した

私のもっとも大切な
キャロル、アンドリュー、そしてキット・フィッシャーに

ウルフ・ウォーズ　目次

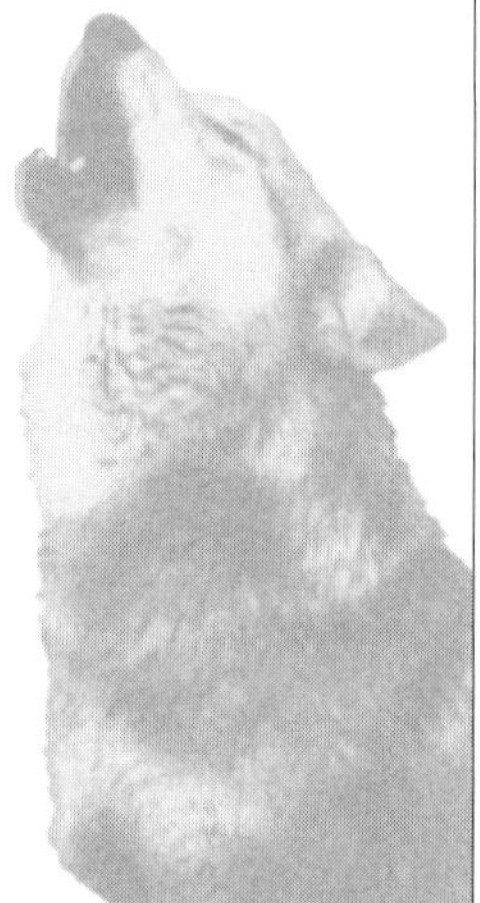

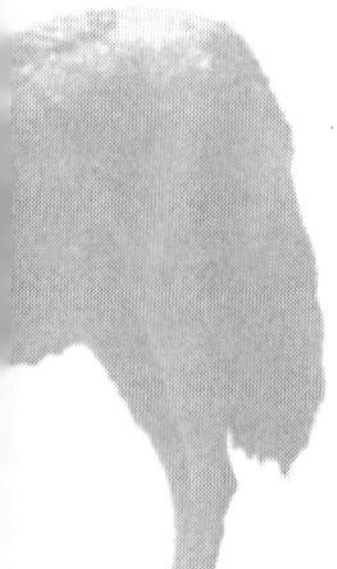

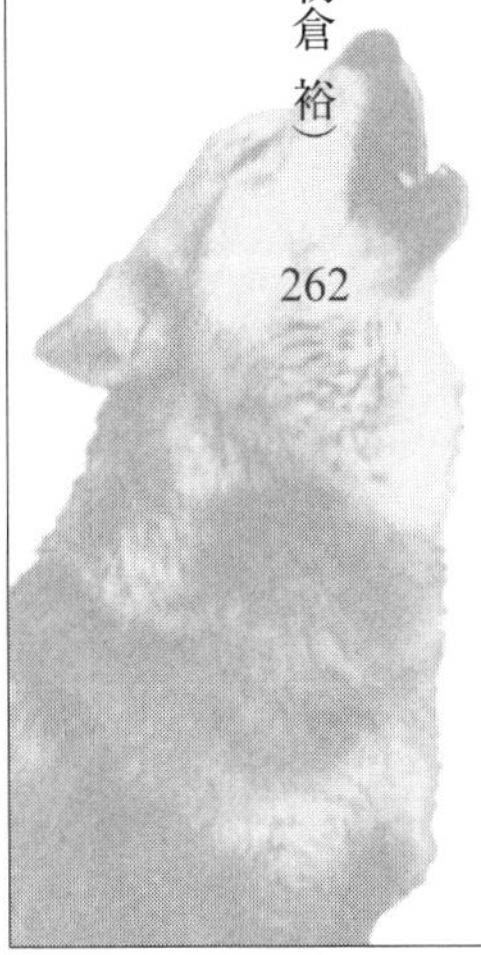

装丁　伊勢功治

序文

一九六八年、私が『オオカミ――絶滅危惧種の生態と行動』というタイトルの本を書き終えた頃、ハイイロオオカミはちょうどアメリカ本土で絶滅危惧種に指定された。当時ソ連は、まだオオカミとの戦いを表明していたし、カナダでも毒薬の使用は広く行われていた。また合衆国南東部に生息するアカオオカミは、コヨーテの遺伝子の流入で急速に純粋種が失われていった。

市民の憎悪と政府の根絶政策により、オオカミは急速に姿を消した。昔の生息範囲は北半球の北緯二〇度以上の大陸全体（メキシコシティからインドのボンベイまで）に及んでいたが、その三分の一から半分、つまり西ヨーロッパのほとんどでいなくなり、もっと多く生息していたアジアからも、メキシコや合衆国本土からも消えていった。どんな人々ならオオカミの味方になってくれるのか、その頃はよくわからなかった。

しかし、それから多くのことが変化した。過去二五年間で、環境意識はかつてないほど急速に広まった。環境を考えるアースデイが始まり、絶滅危惧種法（ＥＳＡ）が議会を通過した。「エコロジー」が家族の合言葉になり、ディフェンダーズ・オブ・ワイルドライフやＷＷＦのような組織が注目すべき自然保護のムーブメントを育てた。

合衆国北部のオオカミの頭数の回復は軌道に乗ったが、これは二〇世紀の野生動物保護の重要な成果の一つに数えられるだろう。社会は振り出しに戻って、人間と競合する主要な哺乳類に対する過剰反応を修正していくことになる。だが、完全に出発点に戻るのではないだろう。これまでの試練で私たちが学んだこと、それは、オオカミを確実に存続させていく道は、皮肉なことに、オオカミを完璧に保護することではないということだ。もし私たちがオオカミを過保護にすることなく、注意深く頭数を調整できるなら、もう一度迫害の歴史をもたらすようなオオカミヒステリーによる反動を防ぐことができる。

我が国の市民は、先祖が犯した不名誉な時代の過ちを正すために驚くべき方法をとった。市民の要請によって、はるか昔に政府が排除したイエローストーン国立公園に、オオカミが戻されることになったのだ。この重要な生き物は、アイダホ州中央部にも再導入された。

ハンク・フィッシャーはこの物語をよく知っているが、彼はただの好奇心にあふれた傍観者ではない。オオカミ復活に重要な役割を果たした人物だ。自然保護団体ディフェンダーズ・オブ・ワイルドライフの北部ロッキー代表として、「北部ロッキー山地オオカミ復活チーム」のアドバイザーを長く務め、意欲的な環境活動家として、鋭い目でオオカミ復活の現場を見てきた。ハンクは地域のオオカミ反対の嵐を和らげる重要な役割も果たした。

ハンクの他にいったい誰が西部の畜産業を代表する重要人物たちに、ミネソタへ行ってオオカミとうまく共存している州の牧場主たちの様子を自らの目で見てもらうことを考えついただろうか?ハンクは、この旅行が彼らの考え方をすぐに変えることにはならないとわかっていた。しかしこれが最初の手がかりになること、正確な情報をオピニオンリーダーに伝えることが彼らの物言いを穏やかなものにすることを知っていたのだ。またこれは、環境活動家は畜産農家の懸念に応えるために頑張ることをいとわないと示す意味もあっただろう。

ハンクはさらに、独創的なアイデアをもっていた。民間の基金によって家畜生産者のオオカミ被害に補償金を支払うことである。彼のおかげで、ディフェンダーズは一〇万ドルの「オオカミ補償基金」を創設した。市民はこの基金に寄付することによって、オオカミ復活に積極的に参加することができる。このプログラムは確実に、畜産農家のオオカミ復活批判を鈍らせることになった。ミネソタで、オオカミを保護しようとする環境活動家に畜産農家が長いこと投げつけてきた異議申し立ては、「口を出すなら金を出せ」というセリフだった。ハンクは、オオカミ賛成派ならそれができると見たのだ。

ハンクはもう一つよいことをした。ディフェンダーズは、自分の土地でオオカミが子を産んだ人には五〇〇〇ドルを提供することにしたのだ。これは効果があった。モンタナ州のロッキー山地東部に接する農場の一角で、あるオオカミの家族が一九九四年に一腹の子どもを産んだ。ディフェンダーズはその土地所有者に小切手を切った。

多くの人が、オオカミの復活とそれに象徴される環境の改善に貢献した。ハンク・フィッシャーは彼らの中でも重要な役割を果たした。私は、彼に賞賛の言葉を贈ることができるのをうれしく思う。この本は、同じゴールに向かって活動する多くの人の役に立つ記録であり、その任務を果たすために必要な最大限の献身、努力、粘り、創意工夫を明らかにしてくれる。

オオカミを復活させたからといって、私たちは決して人類がもたらした環境の大破壊を償いきったことにはならない。けれどもこれは、市民を勇気づける新しいビジョンの象徴だ。そしてこれが、私たちの文化から静かに湧き起こってきた環境変化に敏感な未来世代の先触れになることを期待している。

私たちは、自然保護における重要な一里塚に到達した。しかし、ここで止まるわけにはいかない。イエローストーン国立公園に新たなオオカミたちが増えることを、一つの種の保護という評価にとどめずに、私たちが自然環境のあらゆる部分を尊重し育んでいく決意の表明としよう。

L・デイヴィッド・ミッチ

アメリカの遺産たるワイルドライフの重要な部分、特にオオカミやクマのような大型哺乳類の存続が、主として人間の寛容さに左右されることは、悲しいことだが事実である。もちろんこれは、増加し続ける人口と都市化が大多数の野生動物の生命に結果的にもたらしたまぎれもない事実であって、それでもなお、人類の極度の拡大は、多くの種の状況を悪化させている。人間は今、好むと好まざるとにかかわらず、どの種が存続するかどうか、それはどこで、どのように存続するのかということさえも決定づける、神のごとき役割を果たすようになっている。

しかし、野生動物が人間の行動に左右される存在にならざるを得ない一方で、人間もまた危険にさらされている。生物学者たちは今、生息地の劣化の拡大と種の喪失が、生態系と人間の福祉の両方に対して、大いなる危険を引き起こしていると認識している。私たちの子孫が生き残れるかどうかは、無数の生き物によって提供される生態系サービスにかかっている――植物、昆虫、その他の無脊椎動物、小さなげっ歯類、鳥、コウモリ、そしてこうした大型の動物だけでなく微生物も――これらは一体となって地球上の命を維持しているのだ。

人間は歴史のほとんどの期間、複雑な自然の営みの維持に関心をもつ必要はなかった。しかし、とどまることのない人口の増加と、自然を作り変えようとする現代技術の生産力のために、私たちの地球は六五〇〇万年前に恐竜を絶滅させて以来初めてとなる早いスピードで種を失っている。私たちは、自分自身が依存している自然資源を急速に枯渇させようとしているのだ。種はいまや新しい種が生み出される時間の、文字通り数千倍も早いスピードで絶滅しつつある。ハーバードの進化生物学者エドワード・O・ウィルソンは、今日生まれた子どもが三〇歳の誕生日を迎えるときに、地球上に現存する種の五分の一が絶滅の運命にあるか、すでに絶滅しているだろうと予測している。その後も、もし現在の傾向が続くなら、見通しはさらに暗い。

これは科学が現在見通している未来だが、その通りにする必要はない。もし私たちの子孫によりよい未来をもたらしたいなら、私たちは、自然の中の他の生命への態度を改めなければならない。偉大な環境保護論者アルド・レオポルドの哲学からヒントを得て、自然を搾取し征服する存在から、自然のパートナーへと変身しなければならない。

人類は、「人の共同体《コミュニティ》」とは単に私たち自身の種だけでなく、すべての生きとし生けるものもそこに含まれるべきだという考えを受け入れられるだろうか？　私たちは、他の種と「互いに干渉せずに共存する」態度を身につけ、未来世代と他の生き物たちの幸福ということだけに集中してものを考えることがどれだけできるだろうか？　これらは真に、私たちの双肩にかかっている。

答えは、未だにはっきりしない。しかし、イエローストーン国立公園へのオオカミ帰還の努力は、私たちを勇気づけてくれる。オオカミは、そもそも長いこと人間から迫害され、憎まれてきた。けれども、それは変わりつつある。多くの人にとってオオカミは今や、とても肯定的な、特別な動物と位置づけられている。動物の世界に命を与えるシンボルであり、野生の、そして損なわれていない自然のシンボルである。アメリカ初、そして世界でも最初の国立公園にオオカミを復帰させることは、国立公園というものが自然を保護し正しい認識を得るための場でもあることと併せ、二重の意味で象徴的であり、倫理的な確信をより劇的に深めてくれる。イエローストーン公園のオオカミ復活はいつの日か、野生動物保護、そしてより広い人間の歴史の両面からも、あれが分岐点だったと言われるだろう——アメリカは、人間性が自然に対して果たす役割を、より啓発的で、崇高で、道徳的な視点からのものへと自ら変えていったのだと。

ディフェンダーズ・オブ・ワイルドライフ代表
ロジャー・シュリックアイセン

北部ロッキーにおけるオオカミの復活

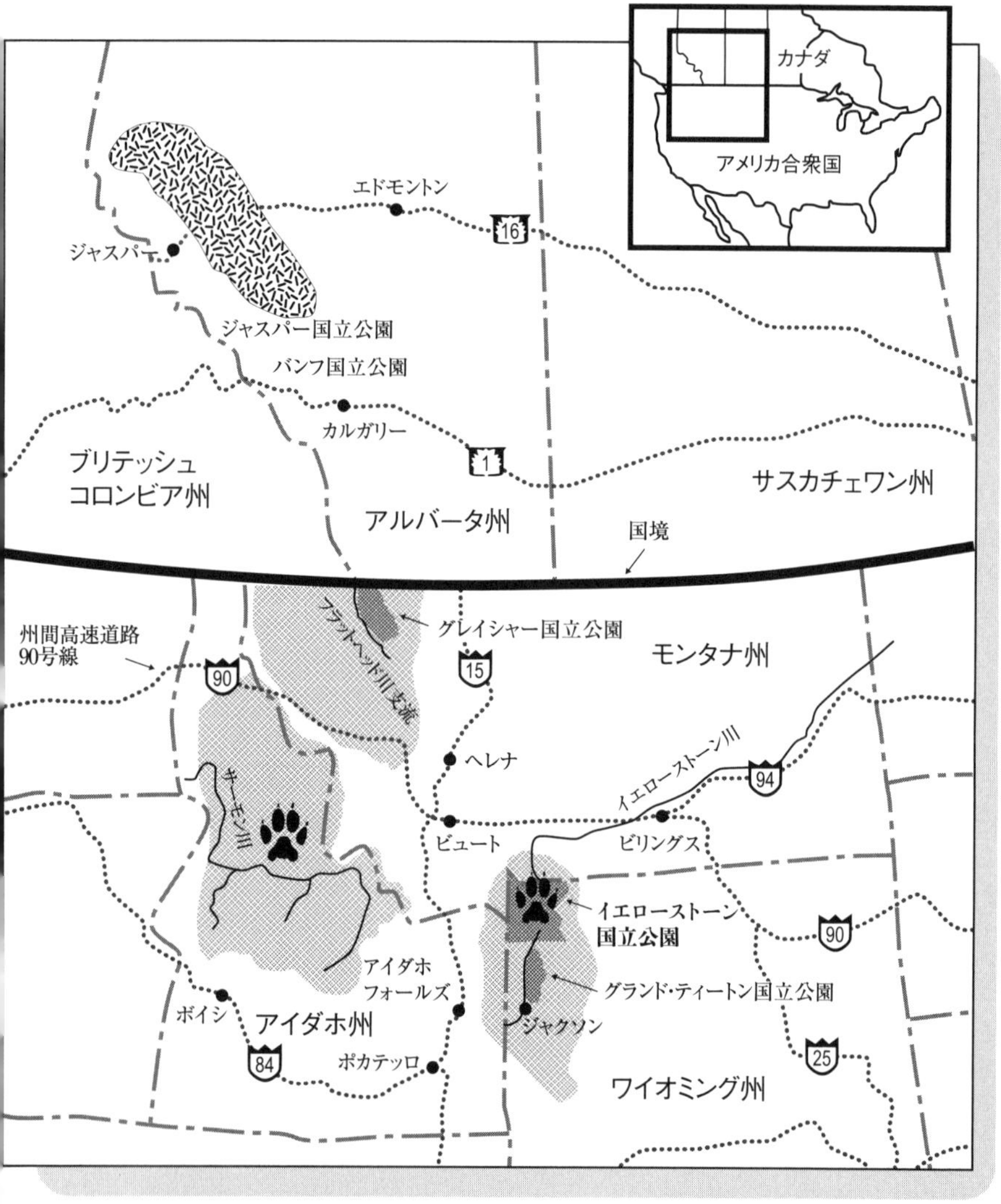

オオカミ捕獲地域

州境線

アイダホ州およびイエローストーン国立公園のオオカミ放獣地域

北部ロッキーにおけるオオカミ復活エリア

ウルフ・ウォーズ

プロローグ

イエローストーン国立公園の入口にかかる荒削りな石造りの門、ルーズベルト・アーチをくぐると、しばしば圧倒的な畏敬と懐旧の念が満ちてくる。

この国立公園は、文化的にも歴史的にも、アメリカにとって重要な場所であり続けている。オーストラリアにとってのグレートバリアリーフが、エジプトにとってのピラミッドが、エクアドルにとってのガラパゴス諸島がそうであるように、合衆国にとってイエローストーンは重要な地なのだ。そこは私たちの国がどういう国なのか、私たちが何を信じているのかをはっきりさせてくれる。

一八七二年にここを国立公園に指定したことは、奇跡のような先見の明があったといえる。この地の景観が来訪者に及ぼす力が早くから認められていたということだ。イエローストーン地域は何千年もの間アメリカ先住民の故地だったが、白人入植者がはじめてその地に足を踏み入れ始めたのは、議会がイエローストーンを公園として保護することを決議したときからだった。一八七〇年代、ほとんどのアメリカ人は「西部」を、鉱山の採掘や農業、牧場経営、移住などのために安全が確保されるべき場所だと思っていた。この見知らぬ未開の地を天然資源の宝庫とは見ても、魂にとっての宝物とは考えもしなかった。この国がまだ自然を収奪している段階にあったときにイエローストーンが合衆国で初の国立公園になったことは、人々の魂がこの場所をどれだけ必要としていたかの最もよい証拠なのかもしれない。

イエローストーン公園には人々を惹きつけるさまざまな理由がある。ある人は、地球上の他のどこにも見られない地熱のショーを楽しむ。硫黄色の泥が奥から泡立ち、熱湯がごぼごぼと沸きあがり、間欠泉がシューシュー音を立てて空へ熱湯を三〇メートルも噴き上げる。

公園の地形の独特な景観に魅了される人もいる。イエローストーン川が刻む大峡谷の切り立った岩や見上げるような滝は、西部でも最もすばらしい景勝地だ。公園中央部を形成している巨大な噴火口の跡も、地球の驚異だ。

しかし多くの人にとっては、野生動物こそがこの八九八〇平方キロの地を公園たらしめている。エルク〔アメリカアカシカ、ワピチとも呼ばれる〕やバイソン〔アメリカバイソン、バッファローとも呼ばれる〕がこれほど集中しているところは北アメリカの他のどこにもない。夏の盛期には、エルクは三万頭以上、バイソンは三五〇〇頭以上も公園を歩きまわっている。

その壮観な光景は、北半球のタンザニア・セレンゲティとでも呼びたいと思うほどだ。しかし、ここには重大な欠陥がある。二〇世紀を通じて、最も重要な捕食者ハイイロオオカミがここには欠けていたのだ。アフリカの平原にライオンがいなかったら、草原は今と同じ姿をしているだろうか。捕食者は獲物動物に対して、進化論的な影響を強く及ぼしている。自然史学者のスティーヴン・ジェイ・グールドによれば、自然の歴史の大部分は種が捕食者を避けるために適応してきた物語であるという。

一九八九年三月のある日、オオカミの不在を印象づける忘れられないできごとがあった。前年の夏、山火事がイエローストーンの広い地域を焼いた。木々を焼くだけでなく、エルクやバイソンが越冬するために必要とする潅木や草も燃やしてしまった。二月、激しい冬の嵐が北部ロッキーを襲い、時速八〇キロをこえる風が吹きぬけた。嵐は大雪を降らせ、氷点下五〇度の冷気をもたらした。すでに栄養状態が悪かったエルクは大量に死にはじめた。公園局の推計によれば、その冬の終わりまでに七五〇〇頭が死骸になって横たわっていた。生き物すべてにとって冬は最も残酷な捕食者だった。

私が訪れた日は特に寒い日ではなかったが、雪はまだ深く、エルクは死に続けていた。ねじれた死体が細い水路に沿った白い空間に散乱していた。死骸に混じってまだ死ねないでいるものもいた。もしイエローストーン公園に、最も重要な捕食者がまだ棲んでいたとしたら、これほど多くの動物が死ぬことがあっただろうか、と私は疑問に思った。私はこの疑問を多くの科学者に投げかけた。ある人たちは、特に北部ロッキーではエルクが多すぎたから、オオカミがたとえ相当数いたとしても大きな影響はなかったと言った。この科学者たちは、エルクの増加率を単にオオカミによる捕食を補う分だけ増えるものと推測していた。

他の科学者は違う見方をしていた。オオカミはエルクの頭数減少の重要な要因であり、おそらくは二〇パーセントにもなると推測していた。冬の寒気による死亡はもちろんあるのだが、あったとしても期間は短く、これほどひどくはならなかっただろうと言った。なぜなら、オオカミは年間を通じて、エルクが飢えたり悪天候に倒れたりする前に不健康なものを捕食していたと考えられるからである。

　同じ日、私は公園北部のマクミン・ベンチと呼ばれる地域に、オオツノヒツジの写真を撮りに入っていった。その数年前、多くの群れが、通称ピンクアイとよばれる結膜炎の犠牲になっていた。この病気は伝染性が強く、ヒトが感染源になることもあった。オオツノヒツジの場合、まったく目が見えなくなることがある（通常は一時的な症状だが）。崖に暮らす動物にとっては、この症状は致命的だ。公園局は、この病気の発生で、転倒したりエサや隠れ場所が見つけられなかったりして、半数近いオオツノヒツジが命を落としたと推測した。

　岩の間を跳ねまわるずんぐりしたこの動物を見ながら私は、視覚に障害があるヒツジの群れに及ぼすオオカミの効果を考えた。捕食者は、こうした生きられる望みのない獲物を大量に殺すだろうし、もしかしたら全て殺してしまうかもしれない。けれどもオオカミは、病気にかかった最初のオオツノヒツジを捕食するかもしれず、それは病気が群れ全部に伝染することを防ぐかもしれない。これこそが捕食の複雑さだ。

　古代ローマの歴史家、大プリニウスはこう書いている。「全体性の中に本質があり、それは最も小さな生き物の中にもある」。彼の英知を再確認するには、腐った材木を二つに割り、その中で動いているものの複雑さを目にするだけでこと足りる。

　しかし、その反対もまさに真実なのだ。プリンストン大学生態学教授ジョン・ターボーは、大型捕食者を「世界を走り回る大いなる事象」であると断言する。彼は、大型肉食獣は波紋を広げるような変化を引き起こし、自然生態系の中の大型から小型まであらゆる要素に影響を及ぼす、と言う。イエローストーン公園にオオカミを復活させることは、エルクから草原のウィートグラスの茂みまで、生態系全体の関係をもう一度作りなおすことになるのだ、と私は考えた。

ダグ・チャドウィックは一九九〇年の著書『ザ・キングダム』の中で、オオカミが他の種に与える影響をうまくまとめて表現した。

「私は、オオカミがいない自然の中では、一頭のエルクの一本の筋肉でさえ、本当に理解できたことにはならないと考える。一頭のシカのたった一回の跳躍も、冬にシロイワヤギが凍りついた崖を横切ることもそうだ。この大陸に生きる有蹄類の体サイズや忍耐力、スピード、協調行動、すばやい反応、社会構造とコミュニケーション能力もそうだ。このようなことすべてを、オオカミが今日のように形づくってきたのだ」

正直言って私は、他の動物よりも特別にオオカミを愛している人間ではないと思う。私がはじめて野生のオオカミを見たのは、研究者に同行した飛行機が旋回しているときだった。それまで私は夜空を切り裂く遠吠えを聞きたいとか、雪の上に真新しい足跡を見つけたいと夢見たりしたことはなかった。しかし今は、いつの日かそのような体験をしたいと望んでいる。

私は、イエローストーン国立公園にオオカミを復活させるために、他の多くの人々とともに一五年以上も努力してきた。特別な愛着はないと公言するような動物に味方して、かくも長く働いてきたのはなぜだろう。私がロマンを感じているのはイエローストーン公園の生態系全体に対してなのだ。オオカミやエルク、アスペン［ハコヤナギ］の木立、甲虫類、ワタリガラス、火事、天候、そして人間。そのすべてが見せる相関関係の様相、複雑な相互作用に私は心を奪われてきた。すべてのもの、そして私たちがまだ理解しえない幾千ものことが、共に、相互に補いながら機能して、イエローストーン公園の本質を形づくっている。オオカミが導く《生命の環《わ》の道》をたどり、私たちはその本質――野生――へと近づいていく。

1 オオカミを誘拐せよ

首もとに銀色のすじがある大きな黒いオオカミが、前脚に鼻面をのせて、雪の中に掘った寝床に静かに横たわっていた。降りかかる雪が首まわりの斑の入ったさし毛の上に積もった。

彼は疲れていた——くたくただった。この大きなオスと近くに寝そべって獲物の骨をかじっている九頭のオオカミにとって、前日の狩りは一昼夜かかった激しいものだった。彼らは、アルバータ州中西部のカナディアンロッキーの小さな丘に棲む、ごく普通の、目立たないオオカミの家族だった。

だが一九九五年一月一〇日、彼らは世界中で最も有名なオオカミになった。

大きなオスは家族を統率する父親で繁殖《アルファ》オスだ。五頭は前年の四月に生まれた彼の子ども。どれも体重三〇キロから四五キロと成獣の大きさに達しようとしていたけれども、学ぶことはまだまだたくさんあった。彼らが家族といっしょに狩りをした経験は、まだ数ヵ月間しかなかった。他の三頭は、二年前の春に生まれた子どもだ。すでに約二〇ヵ月齢、そろそろ生まれた家を離れて自身の家族をもつことを望んでもいいころだ。残る一頭は、茶色がかった灰色の成獣メスだった。彼女は三歳を超えていたが、まだ子を産んだことはなかった。

通常、家族の中では一頭のメスだけが子どもを産む。繁殖《アルファ》メスだ。しかし数ヵ月前、この家族から繁殖メスが突然いなくなった。オオカミたちはその夜から幾晩も、彼女が家族のもとに戻ってこられるようにしきりに遠吠えを繰り返したが、彼女はついに帰ってこなかった。母オオカミがいなくなったことはこの家族にとって痛手だったが、こうしたことはよくあることだった。残ったメスが繁殖メスの地位を引き継いだ。

森には危険が潜んでいる。林業者が道路際に大区画の皆伐地を作り、開けた空間を作り出すので、銃を持った人間がオオカミを見つけやすくなる。石油や天然ガスを探査する人間たちは、トウヒやマツの林の中に細く長い道を刻みつける。その道を使って人間やスノーモービルが運びこまれ、オオカミの罠がかけられる。父オオカミは人間のかすかな臭いがするだけで罠を避けるすべを知っていたが、若いオオカミはそうしたことに注意を払わないので、あの母オオカミのように家族のメンバーが時々いなくなってしまうのだった。

ちょうど一週間前、この家族のうちの三頭がくくり罠にかかった。人間が彼らを生け捕りにしたのだ。罠にかかった家族を最後に見たとき、彼らの首はしっかり捕らえられていた。オオカミたちは三〇分近くそのあたりをうろうろしていた。家族がトラブルに遭遇し、おそらく死んでしまうのだろうとは知っていたが、確かなことを知るすべはなかった。

実は人間たちは、さらに数週間前に子どものうちの一頭を捕らえていた。彼は二日間だけ行方不明になり、そして黒い首輪をつけて戻ってきた。プラスチックのバンドは、いくら激しく外そうとやってみても無駄だった。やがて彼は首輪を無視することにし、家族もそれにならった。

いま家族のお腹は十分に満たされていた。前日の狩りは困難だったが成功した。

その冬の狩りは難しく、オオカミたちは飢えることがよくあった。獲物は十分にいたが、降雪が少なく気候はおだやかだった。シカ［エルクより小型のミュールジカ、オジロジカ、オグロジカなどをさす］やエルク、ムース［ヘラジカ。シカ類の中で最大で、オスは体重八〇〇キロにもなる］は麓の山やペティート湖周辺の苔むす湿地帯をうろつき、常にオオカミを避けていた。夏の間は捕まえやすかった子ジカや幼獣は逃げ足が速く強くなり、なにより賢くなっていた。

二日前の早朝、家族は恒例のパトロールを始めた。オオカミたちは一列になって移動し、交代で雪をかきわけていた。見晴らしのよい場所で、父オオカミと母オオカミは尿でナワバリのサインをつけた――他のオオカミに「入ってくるな」と示すやり方だ。獲物を確保するために、彼らは広大なナワバリにしるしをつけて守らなければならないのだ。

家族は一定のペースで進んだ。後ろ脚が前脚のあけた足跡を正確に踏み、肩幅が狭いので二本足の跡はまっすぐに並んでいた。進化の力がこの動物に、雪の中でも長い距離を移動できるような体型を与えていた。

匂いをとらえた瞬間、オオカミはいっせいに動きを止めた。しっぽは後ろに向かってピンと張り、鼻は空中の匂いを探っていた。彼らはみなムースの匂いをかぎとった。ムースは遠くない。若いオオカミは興奮して大人にじゃれつき、しっぽを振り、くんくん鳴いた。それから、緊張を解くと胸を高鳴らせて、後ろ脚が前脚の跡を飛び越すように大きく跳んで雪の中を走り始めた。

匂いが強くなるにつれて、家族は父親を先頭に一列になりながら歩を緩めた。風下から注意深く、不意打ちができるところまで近づく。子連れの母ムースに狙いをつけ、気分が高揚してきた。経験からオオカミたちは、ムースの子どもが最適な獲物だと知っていた。

オオカミたちは攻撃を始めた。ムースはハンノキの林に向かって走り、オオカミたちは脚に咬みつこうとした。潅木の茂みに着くと、ムースの母親は振り向いてオオカミに前脚の蹄を打ちつけ、ふくらんだ鼻面で子どもを自分の背後に隠すように押しのけた。

大きなムースは耳を後ろに寝かせて足を踏ん張り、向かってくるオオカミに対決を挑んだ。足で空を切りオオカミの攻撃をかわす。オオカミは空腹だったが、慎重にいったん退いた。脚を折ったり、たった一本でも歯が欠けたりすれば、それがいずれ死につながるかもしれないのだ。数分後、黒いオスは短く吠え、もう一度攻撃を始めた。今度は、大きなオスオオカミは足を振り回すムースの母親に大胆に近づき、その間にメスオオカミが背後に回ってムースの子に襲いかかった。親の庇護が一瞬なくなったことにおびえた若いムースはハンノキ林から走り出した。親ムースもすぐに続いた。一〇頭のオオカミすべてがそれを追った。

追跡は一キロ以上も続いた。こうした追跡は一〇回に九回はムースの勝ちに終わる。しかし今回は、オオカミの群れは森の中の大きく開けた場所で二頭のムースに追いついた。疲れたムースの子は母親から一〇メートル遅れていた。二頭の親オオカミは左右から近づいた。父オオカミは子ムースの後ろ脚にかみつき、皮を裂き、肉を引きちぎった。子ムースがふらつくと、母オオカミはムースの子が動けなくなるよう鼻面に咬みついた。父オオカミは子ムースの傷ついた脚にさらに咬みついた。若いオオカミたちも、取り囲んだ子ムースにここぞと跳びかかった。子ムースがよろけたので、母オオカミはすみやかに殺すために子ムースの柔らかい喉に牙を打ち込んだ。怒った母ムースが戻ってきて、わが子の死体からオオカミたちを追い払った。母ムースは一時間ほどもその上に立っていたが、やがて森に姿を消した。

オオカミたちは子ムースを二日間食べ続けた。一月一〇日の夜が明ける頃には、皮とわずかな骨が残るばかりだった。オオカミ家族は頭蓋骨や歯まで食べてしまったのだ。彼らは満腹し、丸一日そこに落ち着いていた。

ちょうどその頃、三〇キロほど南のアルバータ州ヒントン居留地の近くで、アメリカやカナダの生物学者や獣医十数人が、野生動物保護の歴史上最も注目すべき企てを実現すべく、めまぐるしく活動していた。

オオカミの家族の行動はいつも一様ではない。

夜が明けてすぐ、まだオオカミたちがまどろんでいる間に、軽飛行機パイパー・スーパー・カブはヒントンにある小さな飛行場を出発し、ペティート湖の北へ向かった。地元の罠猟師《トラッパー》が最近そこで三頭のオスのオオカミを捕らえた――あのくくり罠にかかったオオカミたちだ。周辺には大きな群れがいる足跡が見られた。パイロットのヘッドセットは、数週間前に黒い発信機をつけて放された若いオオカミの周波数に合うように調整されていた。コックピットの窓からペティート湖がしだいに大きく見えてくるにつれ、パイロットは同じようにしだいに大きくなってくる小さな発信音をとらえた。雪の上に動物の輪郭が見えた。オオカミの群れだ。彼は空港に無線連絡を取った。

数分のうちに、ベル・ジェット・レンジャーのヘリコプターがヒントンの北に向けて空を飛んでいた。パイロットが右の席、生物学者は左の席で監視役を務めた。二人目の生物学者が右後ろの席に座り、麻酔銃を撃つ準備をしていた。射手はヘリと同じような深紅のジャケットを着ていた。シートベルトはナイロン製のハーネスで、腰まわりと太腿にパラシュートを装着するような形で締められていた。背もたれは丈夫なロープでヘリコプター内部に固定され、外側に傾きすぎたとしても命綱になってくれるよう工夫されていた。パイロットはGPSシステムのスキャナーに数字を打ちこみ、地上一五メートルを滑らかに飛んでペティート湖への最短距離をとった。ヘリの受信機は子オオカミの発信機に合わされた。ローターの轟音の中で安定した受信音を発していた。

湖に近づくとパイロットは首を振った。オオカミを捕らえるのに適している地形とは思えなかったからだ。森がなだらかにうねる丘を覆い、空き地はごくわずかだった。伐開地はどこも伐り残しがところどころにあって、枯れた立ち木は低空飛行にはとても危険だった。

そのとき、監視役が興奮して、樹木の群生のそばの小さな空き地を指し示した。オオカミがいた。少なくとも六頭を見つけた。パイロットは方向を変え、そこから八〇〇メートルほどのところに空き地を見つけて徐々に高度を下げた。監視役はヘリを降りて地上で待つことにした。飛行は速く、また危険なので、必要以上の人が危険な目にあうことはない。

残る乗組員は二人ともヘリの右ドアに移った。射手はヘリの外側に傾くことになるので、滑り止めに一方の足を踏ん張った。射手には窓が大きく開かれる。彼は武器を装塡した。パーマーの動物捕獲用の銃で、サイズと重量は軽量二〇ゲージの散弾銃に相当する。

銃の底部を開いて、麻酔薬テラゾルの矢を装塡する。これでオオカミは四分から一〇分で動けなくなる。

準備を終え、パイロットは射手を乗せてオオカミを見つけた場所に再び飛んでいった。パイロットは手の込んだ操作をしなければならない。最大射程は一五メートルだが、望ましいのはその半分以下だ。しかし、最も高い木は一八メートルある。そこで戦略として、まずオオカミを森から追い出し、凍った湖か低湿地を走らせる。パイロットが下降してオオカミを追い、射手が撃つ。森の中の空き地は小さいので、降下して撃ったら即、上昇しなければならない。

パイパー・スーパー・カブは上空で旋回してオオカミとヘリコプターを注視している。ヘリの乗組員がオオカミに矢を命中させたら、飛行機は監視を続け、ヘリが降下して生物学者を降ろし、眠らされた個体が捕獲されるまで見届ける。それからヘリコプターはオオカミをヒントン近くの特別な施設に運び込む。そこでは別の生物学者や獣医のチームが待ち構えているはずだ。

ヘリコプターが尾根を越えると、二人の乗組員は再びオオカミを発見した。オオカミは、最初に監視役が発見したところから動いていなかった。しかしヘリコプターが近づくと、黒い首に銀色のすじを持つオスオオカミに率いられて、安全な深い森へ逃げ込んだ。

ヘリコプターのパイロットはオオカミが隠れた森の上空で、機体をすばやくホバリングできる位置につけた。オオカミは森の中を神経質に歩き回っている。密生した木々の間を抜けていく長い道は、伐開地に通じていた。もしオオカミがその道を行けば、射手にチャンスが巡ってくる。ヘリのローターが立てる激しい風に木が波打ち、雪は渦を巻いて吹き上げられた。オオカミのうちの一頭が皆伐地に向かう道を矢のように走り出した。パイロットはその方向にヘリを向け、追跡を始めた。タイミングがすべてだ。オオカミが伐開地に入ってから追跡を始めるのが早すぎれば、オオカミは方向を変えて森に戻ってしまうし、待つのが長すぎれば、伐開地の反対側へ走りぬけてむこうの森に逃げ込んでしまうだろう。

オオカミが伐開地の半ばにかかるころ、パイロットは動きだした。ヘリを前に傾け、地上三メートル以内まで降下した。オオカミは肩越しに見上げて深刻な事態を悟り、死に物狂いで遠くの森に向かって走った。堅く締まった草地の雪のおかげで、素晴らしい走りだった。

オオカミのスピードと方向に合わせて飛ぶのがパイロットの腕の見せどころだ。射手が引金をひく最適な距離、七、八メートルくらいまでに近寄ろうというのだ。近づきすぎればオオカミは方向を変えて逃走するだろう。遠すぎれば射手がミスしてしまう。

ヘリが急接近した。射手は大胆に身を乗り出し、引金をひいた。矢がオオカミの脇腹にしっかりと刺さった。射手は高度を保とうと格闘するパイロットに親指を立てて合図した。ちょうど伐開地が終わり、森が始まるところだった。パイロットは上空で旋回している監視機に成功したことを無線で報告した。

ヘリコプターが着陸し、乗組員二人は足跡をたどって、すぐ近くでオオカミを見つけた。足を縛り、口輪をはめてヘリコプターに運び込んだ。そしてヘリは、さらにオオカミを捕まえるべく空に戻った。

他のオオカミは森の中に留まっていた。パイロットは再びオオカミを追い出すために森の上空でホバリングし、オオカミたちを悩ませた。逃げなくては。一頭が自由への道を見つけたかに見えた。おそらく他のオオカミもそう思ったのだろう。大きな黒いオスも同じ道を走りだしていた。パイロットはせわしなく機体を操作して降下し、突き出た枝をかわして、射手が麻酔銃を撃つのに適当な位置につけた。再び矢が標的を捉えた。パイロットは上空の監視機に、このオオカミを追跡すると伝えた。そのオオカミは大きいので一回分の麻酔では効かないと付け加えた。

確かに、一〇分たってもそのアルファオスは命と誇りをかけてまだ走り続けていた。そこでパイロットと生物学者はヘリを下りて、走っている大きなオオカミを徒歩で追うことにした。飛行機はヘリコプターが着陸する適当な場所を指示してきた。雪の中に見えるオオカミの足跡が乱れていて、麻酔が効いてきたことを示していた。

二人の男が小さな丘を横切ると、三〇メートル先にいるオオカミの様子を見ることができた。二人と一頭は走りだした。麻酔が効いてきてからでさえ、オオカミは追いかける男たちとほとんど同じくらいの速さで走ることができた。男たちがついにオオカミに追いついたとき、オオカミは振り返り、唸った。生物学者とパイロットには、これがアルファだとわかった。他のオオカミたちはきっとこのオオカミに、犬のような服従のしぐさを見せるのだろう。だが、フラフラのオオカミは男二人にはかなわなかった。生物学者が金属の棒につけた引きひもを使ってオオカミを抑える間に、パイロットがもう一回分の麻酔を突き刺した。袋の中に新たに加わったこの繁殖オスは、特別に価値があるということがいずれわかるだろう。

続けて、自由を奪われまいと走り出した群れのうち三頭がそれぞれ捕まった。伐開地の真ん中の伐りだされた低木に隠れようとした、灰茶色の繁殖メスもその中に含まれていた。逃げおおせたのは五頭だけだった。

ヘリコプターの乗組員は、ヒントン近くのスイッツァー州立公園にあるビルにペティート湖の群れの五頭を運び込んだ。生物学者たちは、まだ意識のないオオカミのうち軽いものは肩に担いでビルに運び、成獣は担架で引っ張りあげた。獣医がすばやくケガの有無を調べ、矢の疵を処置した。それから生物学者が、年齢、性別、大きさ、繁殖能力の有無を念入りに調べ、記録した。体重四五キロもある黒い大きなオオカミがアルファオスであるという判断に誰もが賛成した。歯を調べて四歳か五歳であろうと推測した。睾丸は大きく、よく発達し、生殖能力が十分にあることを示していた。

灰茶色のメスも念入りな検査を受けた。よく発達した乳房は彼女が成獣であることを示していたが、生物学者はまだ授乳していないと推測した。陰部は充血し、血の斑点がヴァギナ近くの毛についていた。このメスも体重四五キロで、すぐにも繁殖できる状態だった。他の三頭はオスで、いずれも三〇から三八キロあった。睾丸は干しブドウサイズで、まだ繁殖年齢に達していなかった。

検査の後、生物学者は血液サンプルを採取し、耳にタグをつけ（内側なので、彼らには見えない）遺伝的な識別のため小さな組織片を採取した。

ペティート湖の五頭の家族が目覚めたとき、彼らはそれぞれ一・八×三・六メートルの金属の網製のオリに入れられていて、罠猟師が先に捕まえていた三頭の家族と再会したことに気づいた。次の日、オオカミたちはもう一度麻酔を打たれ、小さな移動用犬舎に入れられた。そして合衆国に向かう農務省森林局の輸送機に運び込まれた。

目的地は一〇〇〇キロ以上南のイエローストーン国立公園とアイダホ州中央部だ。ペティート湖のオオカミたちは、こうして驚くべき旅に乗り出したのだった。だが、もっと注目してほしいのは、オオカミたちの旅を実現させるまでの七〇年の長きにわたる出来事の連続の方だ。

2 消えゆく西部

一九三〇年。イエローストーン国立公園からも、ハワイとアラスカを除いた合衆国四八州のほとんどの場所からも、オオカミの遠吠えは消えた。その静寂を悲しむ者はほとんどなかった。皆が喜び祝った。当時の雰囲気を「デンバー・ポスト」紙の見出しが簡潔に伝えている。モンタナ州の最後のオオカミについて報道した記事の見出しはこうだ。「一〇年にわたる報奨金制度にもかかわらず、怨霊のごとき襲撃者は牧場主を恐怖に陥れた――飛行機、銃、罠、毒をあざわらい、略奪を続けた」

西部の人々は一九世紀の終わりまで、伝説的なオオカミを創作してきた。大型の狩猟対象動物を高速のライフルの弾丸よりも素早く殺戮する動物《アニマル》。家畜の群れを、ひとっ跳びですべて横たわる死骸に変えてしまう野獣《ビースト》。怪物的な残忍さと途方もない狡猾さを備えた生物《クリーチャー》。

初期の西部開拓者によるオオカミ殺しの流儀を、厳しく批判する人は多い。私たちの祖先の《オオカミに対する病的なまでの憎悪》を、人々はいま猛烈に糾弾する。しかし物事はそう単純ではなかった。
一八七〇年代のアメリカ人は、生物学を知らない人が大半だった。自然観はもっぱら宗教的な信念のみに基づいており、自然を構成する仕組みの中に、構成するもの同士の相互関係があるという発想さえなかった。アメリカ人は一般的に、聖書で読んだ通りの解釈を受け入れていた。人は神の似姿にかたちづくられ、他の創造物を支配するために地上に置かれたと。動物に対する人々の意識を客観的に俯瞰してみるには、チャールズ・ダーウィンの『人類の起源』が一八七一年にようやく出版されたことを意識してみるとよいだろう——この時にこそ、西洋の《オオカミをとりもどす戦い《ウルフ・ウォーズ》》は始まったのだ。この本は人と自然の関係についての考え方を進化させ、すべての生命は固有の価値をもつという思想を膨らませる方向に人々を向かわせた。

かつての世代の行きすぎた行為が、ただ憎悪と卑劣な精神のせいだと決めつけるのは安直にすぎるだろう。もっと他に、直接の因果関係がある問題はないだろうか？　二〇世紀をほとんど費やしてオオカミを根絶させようとした同じ国が、二一世紀を迎えようとするいま、この動物を復活させようとしている。世界はどうしてこんなにも変わったのか？　今日の人々の意識はなぜ前世紀と異なっているのか？　たぶん最も良い答えは、我々には身に沁みついた開拓者魂があり、紙一重のところまで追いつめられたオオカミの姿に新たなフロンティアを見いだしたのだ、ということだろう。

ヨーロッパ人の入植前、ハイイロオオカミ（学名カニス・ルプス）は、アメリカアカオオカミ（学名カニス・ルフス）の生息地である南東部を除いた北米大陸の全体に生息し、陸生哺乳類で最大の分布域を誇っていた。実際、オオカミはヨーロッパのほぼ全域とアジアの大半の地域に生息していた、世界で最も分布域の広い動物のひとつだった。

スタンリー・ヤングとエドワード・ゴールドマンは一九四四年の古典的文献『北アメリカのオオカミ』の中で、北米のオオカミは二三の亜種に分類できるとし、イエローストーン地域には二亜種が生息しているとした。ひとつはロッキー山オオカミ（学名カニス・ルプス・イレモトゥス）、そして平原オオカミあるいはバッファロー・オオカミと称される学名カニス・ルプス・ヌビリスだ。この二亜種は体の大きさも習性もきわめて似ていた。双方とも体重二七から五七キロ、体長は一五〇から一八〇センチ。これらをヤングとゴールドマンが別亜種としたのは、主として彼らが頭骨の計測値に小さな相違があると考えたためだった。

今日の分類学者はオオカミの亜種ははるかに少なく、北米大陸には多くても五亜種と考えている。彼らはヤングとゴールドマンが少ないサンプル数から結論を導き出したことを批判しており、さらにオオカミの行動圏の相当な広さ――科学的な文献によれば八〇〇キロ以上もの移動が報告されている――を指摘する〔追跡技術が向上した今日では、北米でも欧州でも一〇〇〇キロ以上の移動が報告されている〕。これは亜種間で交配する可能性があることを意味しており、それゆえ遺伝子が交流している可能性が高い。現代の分類学者には、五〇年前にはなかった道具もある。ＤＮＡを分析するという科学的な検査だ。こうした検査から、北米大陸のオオカミの大半は遺伝子組成にほとんど違いがないことが明らかになっている。分類学者の中には冗談まじりに「学名は一つでよい。カニス・ルプス・イリガードレス（irregardless どうでもいい）だ」と言った者もいる。

ルイスとクラーク〔アメリカ人として初めてミシシッピ川から太平洋に至る大陸横断をなしとげた〕が一八

〇五年・〇六年に探検隊を率いてモンタナ州を通過したとき、オオカミは数多くいた。特に州東部のなだらかにうねる平原と、鋭く切り立った峡谷に多かった。探検隊の日誌にはしばしば、オオカミがバイソンを狩っていることが報告されている。両種はたいてい互いの近くにいるため、ルイスはオオカミのことを《バッファローの牧童》と呼んでいた。隊員が食糧のために獲物を倒したときには、それを見張っていなければならなかった。「オオカミがたくさんいるので、放りっぱなしにした肉はすべて夜のうちに彼らのものになってしまう」

イエローストーン地域におけるオオカミ生息数の初期の見積りは、三万五〇〇〇頭以上だった。この数値は（時にはコヨーテも交えた合計の捕獲数から出した数値であるため）正確ではないかもしれないけれども、繰り返しておこう。三万五〇〇〇頭だ！　この数値にくらべたら、現代の我々のオオカミを復活させようという計画がいかに控えめなものかわかるだろう。一九八七年のロッキー山地オオカミ復活計画――その復活のゴールとして政府が設定した数値は「およそ一〇〇頭くらいの地域個体群を少なくとも三つ定着させること」だった。

ルイスとクラークが切り拓いた足跡をたどった毛皮猟師たちは、一八三〇年頃まではオオカミにほとんど関心がなかった。彼らの目的はビーバーだった。実際、一八五〇年以前、人々がオオカミを獲るのはふつう気晴らし目的のためで、金のためであることは滅多になかった。有名な鳥類学者でナチュラリスト、画家でもあるジョン・ジェームズ・オーデュボンは、一八三〇年代にモンタナ州ミズーリ川を遡る旅の中でこう語っている。「その時にもっとも面白かった出来事は、オオカミを一頭撃ったことだった」

しかし、移ろいやすい毛皮市場の対象は、一八五〇年代と六〇年代、ビーバーの毛皮からバイソン、シカ、エルク、そしてオオカミの毛皮へと変わっていった。一八五三年、アメリカ毛皮会社は三〇〇〇枚のオオカミの毛皮をイエローストーン川沿いの入植拠点から船積みした。枚数はその後の数十年間、増え続けた。一八六〇年代半ばまで、アメリカ毛皮会社のミズーリ川沿いの拠点は、毎年五〇〇〇枚から一万枚のオオカミの毛皮を船積みした。

一八六〇年頃から一八八五年までのあいだにオオカミの毛皮が高価なものになっていったことで、その需要が新しい特殊な生業を生み出した。オオカミ猟だ。オオカミの毛皮は、もっともフサフサしている冬の毛皮にだけ経済的価値があったので、オオカミ猟師《ウルファー》は季節労働者だった。暖かい季節には、彼らは金鉱山で働くか、汽船に乗り組んでいるか、家畜の番をしていた。

モンタナ州の歴史家エドワード・カーノウによれば、「オオカミ猟師のやり方はシンプルで効果的だった。五、六キロごとに一頭バッファローを殺して、その内臓や舌やわき腹に毒薬ストリキニーネを仕込んだのだ。疑うことを知らないオオカミはバッファローの死骸を食べ、その近くで死んだ」。結果は圧倒的な効果をもたらした——少なくとも初期、オオカミが用心深くなって毒を避けることを学習するものが出るまでは。ときには何十頭ものオオカミが死骸のそばに転がっていたという報告もある。オオカミ猟師は移動時間を節約するため、毒の設置場所を円形に配置した。その円を、毎日か一日おきに馬で見回り、死んだオオカミを回収して皮をはぐのだ。毒でオオカミを殺すのはいたって簡単だった。ただ一つ大きな困難があるとすれば、それは冬の寒い気候だった。オオカミ猟師は凍りついたオオカミの毛皮をきちんと剝ぐことができなかったし、暖かくなれば毛皮は台無しになりかねない。あるオオカミ猟師の三人組は、一冬に何百という凍ったオオカミの死骸を荷揚げして、モンタナ州北東部のミズーリ川沿いの高台に小山のように積み上げた。この小山は一時的に近くの街の目印になり、ウルフ・ポイントと称された。モンタナ州の初期入植者で政治家のグランヴィル・スチュアートは、著書『開拓地の四〇年』の中で、一八六〇年代と七〇年代にオオカミの毛皮は一枚につき二ドルから三ドルで売れたと書いている。うまくいった冬には、オオカミ猟師は一人で二〇〇〇ドルから三〇〇〇ドルを手にすることができたという。

一八七〇年代までは、イエローストーン地域のオオカミにとって唯一の現実的な脅威は、オオカミ猟師と彼らが用いる毒だけだった。牛飼いたちも牧場主もまだ来ていなかったので、組織的な迫害はほとんどなかった。オオカミは、同時並行で起きていたアメリカの野生動物史に残る出来事から一時的には恩恵すら受けていた。絶滅寸前になっていくバイソンである。

一八七〇年代は、人々がバイソンを西部全域で大量殺戮した時期だった。たいていは獣皮を得るためだったが、舌《タン》のためだけのこともあった。減少のペースは急激だった——バイソンは年に何十万頭も減っていき、捨てられた死骸はオオカミにとっては途方もない食糧源になった。オオカミは肉にありつくために分厚い毛皮を嚙み切る必要すらなかった。バッファロー猟師《ハンター》は、銃声を聞きつけるとオオカミが駆け寄ってきて、撃ったバイソンの毛皮を猟師が剝がし終わるのをじっと待っていたものだと語った。

そういうわけで、オオカミ猟師からの圧迫にもかかわらず、多くの地域でオオカミの数は多いままだった。オオカミは、環境が良ければ——彼らにとって最も重要なのは豊富な食べ物である——

普通より早く繁殖ができる。通常は二歳半だが一歳半で繁殖し、より多く子を産む。ふつう一回に生まれるのは四頭から六頭だが、八頭から一〇頭も産むようになる。確かなことは言えないが、バイソンが急激に減ってもオオカミの数は維持されていたと考えられる。だが、やがてバイソンの個体数が激減し、入植者が西部へと移動し始めると、オオカミの繁栄は短期間で終わりをつげた。

　一八八〇年代と九〇年代の出来事は、西部のオオカミたちのその後の運命を決定づけ、何世代にもわたり芽を出しつづける憎しみの種をまいた。決定的な二つの出来事――バイソンなどの大型の狩猟対象動物が絶滅寸前になったこと、そして畜産業のにわか景気――が組み合わさることで、今なお人々の間に残り、ときおり湧き上がってくるオオカミへの偏見を生み出したのだった。

　一八七〇年代後半、牛飼いたちはイエローストーン公園を囲む地域を家畜でいっぱいにした。テキサス州、ネブラスカ州、カンザス州やコロラド州からきた牛飼いたちは、モンタナ州とワイオミング州の平原の草が冬の間も栄養を維持し、極寒の気候と深雪にもかかわらず年間を通して家畜を養うことができることを知ったのだ。一八八〇年代初頭に、大きなキャトル・ドライブ［カウボーイたちによる牛追いの旅団］がモンタナ州とワイオミング州へ何万頭もの家畜を移動させた。

　一八八四年にはバイソンの群れは、モンタナ州とワイオミング州の平原にちりぢりに残るだけだった。バイソンの大量殺戮はアメリカの野生動物史のよく知られたエピソードであるが、ほとんどの人たちは、初期の入植者たちが狩猟対象動物をどれもことごとく乱獲したということは意識していない。鉱山労働者、罠猟師、汽船の乗組員、そして自作農たち、誰もが食肉を必要としていた。野外が彼らの食糧部屋だった。狩猟対象動物を獲ることを制限する法はほとんど何もなかった。現在、商業目的の狩猟（食品店や飲食店に売るために野生動物を獲ること）は連邦法でも州法でも禁じられているが、当時はその習慣が一般的だった。

ひとたびバイソンがいなくなると、入植者たちはエルク、シカ、ムース、レイヨウ、そしてオオツノヒツジに狙いをつけ、西部の全域で大量に殺した。近代的な野生動物保護の考えが広まってからも、大型の狩猟対象動物の個体数が回復するのに半世紀もかかった。今日、大型の狩猟対象動物の個体数が繁栄するのを当然のように思うのは無理もない。たとえば、モンタナ州のエルクの数は約九万頭で、シカとレイヨウの数はモンタナ州とワイオミング州の人口よりも多い。

しかし一九世紀から二〇世紀にかけての頃、話は違っていた。エルクやシカ、そしてレイヨウの個体数は、現代の基準で言えば絶滅危惧種のリストに載せるのがふさわしいほどの、相当に低いレベルだった。一九〇〇年から一九一〇年頃、モンタナ州南部のビッグホーン川近くの農場で育ったある年配者は、ハーディンの街の近くの住人たちが、近隣の農場が知らせてきたシカを一目見ようと、荷馬車で三〇キロほども旅をした思い出を語った。地域住民は何年もの間、一頭のシカも見ていなかったのだ。

さらに重要なのは、人々がいかに急速にバイソンを根絶したか、そして牛と置き換えたかである。グランヴィル・スチュアートはモンタナ州についてこう書いている。「これらの地域でおきた急激な変化は、それを目の当たりにした者でなければ実感するのは難しいだろう」。彼によれば、一八八〇年には「何キロ行っても罠猟師の野営地ひとつ見当たらないことがあった。厖大な数のバッファローがゆるやかにうねる平原を埋め尽くしていた。シカ、レイヨウ、エルク、オオカミ、そしてコヨーテが、どの丘の上にも、峡谷や茂みの中にもいた」。しかし、一八八三年の秋までには「その地域には一頭のバッファローも残っておらず、当然、レイヨウやエルク、シカも珍しくなっていた」。

狩猟対象動物の減少は、オオカミにとって命の基盤となる獲物が消えただけではなかった。シカとエルクが減少するにつれ、狩猟愛好者は捕食者駆除に関してますます攻撃的な姿勢を強めたのだ。一八八六年、当時とても影響力のあった雑誌「フォレスト・アンド・ストリーム」に掲載されたオオカミとピューマについての記事が、当時の感覚をよく捉えている。「モンタナ州は目下、破壊的な野生動物にただただ踏みにじられている」と筆者は断言したのだ。セオドア・ルーズベルトは一八八七年にブーン・アンド・クロケット・クラブを組織したが、これは主に、西部における大型の狩猟対象動物の減少に対応するためで、これが国民的関心を集める最初の野生動物保護組織である。

ルーズベルトやウィリアム・ホーナディ［作家、ナチュラリスト。野生動物の乱獲を告発した］のような自然保護主義者でさえ、オオカミには用はなかった。ホーナディは一九〇四年の彼の著書『アメリカン・ナチュラル・ヒストリー』に次のように書いた。「北米の野生動物全体の中で、オオカミほど卑しむべきものはない。彼らは卑劣で、信義もなく、残忍そのものである」

一九世紀が終わる時、オオカミに味方はほとんどいなかった。牛飼いとその仲間たちはオオカミを忌み嫌った。狩猟愛好者は、急速に数を減らした獲物をオオカミと分け合うことが不満で、オオカミの皆殺しに賛成した。そして、オオカミについての最もよくある問いかけに対し、ぴったりくる答えができる者は誰もいなかった。「オオカミは何の役に立つのだ?」

オオカミの視点から見れば、一八八〇年代初頭の膨大な家畜の群れの到来は天の恵みに思えたにちがいない。食器棚はとっくに空っぽだ。自然の餌が激減してしまった今、オオカミは選択を迫られた。家畜を獲物にするか、死ぬか。

結局、彼らは両方を選んだことになる。オオカミへの憎悪は、西部の畜産業の拡大に正比例して広く深くなった。おそらく畜産農家は政治的な理由から（彼らは州議会に、報奨金を創設し増額するよう圧力をかけていた）自分たちの報告を潤色していたかもしれないが、一八八〇年代から九〇年代のあいだに牧場主たちがオオカミによる深刻な損失を被っていたことは間違いない。モンタナ州農業局は、一八九四年、イエローストーン郡では子牛の生産量の半分以上もオオカミにやられた牧場主がおり、平均的な損失割合はおよそ二五パーセントになると報告した。この時期の家畜報告の多くが、損失割合を二五パーセントかそれ以上であると示していた。対照的に、現在、この地域のオオカミによる家畜の捕食は、あったとしてもごくわずかで、一パーセントを下回る。四〇〇〇頭以上のオオカミがいるカナダのアルバータ州では、オオカミが原因であるとされる損失は、オオカミ生息域内の牛一〇〇〇頭あたり、年に雌牛か子牛が一頭という割合である。モンタナ州でオオカミに獲られる雌牛や子牛は、毎年平均八〇〇〇頭あたり一頭かそれよりも少ない。このように、オオカミの餌動物が豊富な地では、家畜の損失はごくわずかだ。だが一九世紀の終わり、北部ロッキーのオオカミには家畜しか食べるものがなかったから、話は違ってくる。

家畜の損失に対する当時の仕返しは過剰反応といえるほどで、個々の牧場主やいくつかの家畜生産者組合はそれぞれ、オオカミを殺すためだけに猟師を雇用した。モンタナ州北部のフォート・ベントン近くの牧場主グループのひとつは、自分たちの地域で殺されたオオカミ一頭あたり五ドル（現在のおよそ五〇ドルに相当する額）をオオカミ猟師に支払った。当時の牧場主にとって、相当な数の家畜を失うという危機感が現実的なものでなかったら、このような高い報酬を支払ったりはしなかっただろう。

家畜生産者組合がこの騒動に参入するまで、オオカミ駆除は計画的でもなく、手順が決まっているわけでもなかった。オオカミの捕食に対する懸念から、モンタナ家畜生産者組合（一八八四年結成）のように多くの団体が生まれた。これらの団体のメンバーは初期入植者たちだった。彼らはほとんどの土地を所有し、その地の権力を独占し、強い政治的コネクションがあった。彼らは州や連邦政府の議員がオオカミとの戦争に参加するよう政治的圧力をかけた。

州のレベルでは、地方議会や州議会が制定する報奨金が、オオカミ根絶のための大きな政治的手段になっていった。いったんバイソンが失われてしまうと、オオカミ猟師のほとんどは毒を使うやり方をおしまいにした。オオカミを殺すことはだんだん難しくなっていった。もはや、大きな死骸に毒を仕込んでおけば確実にオオカミが仕留められるような単純なやり方ではすまなくなったのだ。銃で撃ったり罠にかけたりすることは時間と技能を必要とする。牧場主たちは、人々がオオカミを殺すことへのさらに大きな動機づけを作り出す必要性があると考えた。それは報奨金だ。

モンタナ州初の報奨金制定法は一八八三年に議会を通過した。それはオオカミ一頭につき猟師に一ドルを与えるというものだった。猟師は、毛皮を裁判所の検査官か保安司法官に示す必要があり、その後で、毛皮の仲買人に売ることができる。

モンタナ州報奨金証明書帳簿によれば、一八八四年、つまり報奨金についての議決が法律になって最初の一年に、賞金稼ぎの猟師が提出したオオカミの毛皮は五四五〇枚だった。モンタナ州では、オオカミ報奨金は一九三三年まで——人々が州内からオオカミを排除してしまった後も長いこと——続けられた。オオカミが珍しくなるにつれ、報酬は増額された。一八八三年には一ドルだった報奨金が、一九一一年にはオオカミ一頭あたり一五ドルと高値になっていた。

　政府からの資金を勝ち取る政治的手法は、当時も今もまったく変わらない。畜産業界は、限られた財源を特定の団体組織の利益のために費やすことが賢明な判断だと、懐疑的な議会を納得させなければならなかった。その戦術もまた、おなじみのものだ。報奨金法への支持を獲得するため、畜産業界は損失を自分たちの都合のよいように誇張し、オオカミの殺傷能力を大げさに言いつのるようになった。

　報奨金のために二〇年以上も戦う間に、オオカミ嫌いは牧場主たち西部社会の体質になった。オオカミをけなすことは、天候をぼやくことや州政府をけなすことと同じことだった。まことしやかな物語が、週刊新聞や家族・友人の集まりを通して広まった。西部の無法者《アウトロー》の物語のように、繰り返されるたびに伝説はより大きく荒っぽくなっていき、一九二〇年代までには叙事詩といえるほどに壮大な物語になっていた。一九二一年、悪名高きカスター・ウルフの死が「ディロン・エグザミナー」紙でどんなふうに讃えられたかを見てみよう。

　動物界の犯罪者の頭目、カスター・ウルフはついに殺された。生息していたその地域で、知られている限り最も無慈悲で利口で、かつ幸運にめぐまれた無法者の死の知らせは、ため息と安堵とともに伝えられた。……九年のあいだ、カスター・ウルフは牧場主たちの心に恐怖の影を落とし続けていた。多くの者が、それは単なるオオカミではなかったと信じていた——自然界の異形、つまり半分はオオカミで半分はピューマであり、両方の残忍さをもち、悪知恵は悪魔そのものだという話を信じていた。

モンタナ州のオオカミについては他にも多くの伝説がある。中でも「スノー・ドリフト」と「ジュディスの白オオカミ」は最も有名だ。今日でさえも、牧場主の団体と話をするなかで、誰それの祖父や曽祖父が、そこここで最後のオオカミを殺した、という話を必ずといっていいほど聞くことができる。多くの地方でそうした話が名誉のしるしとして残っているのだ。

イエローストーン公園におけるオオカミ駆除の歴史も、周囲の地域で起きたこととほんのすこしちがう道をたどったにすぎない。

一八七二年に公園が創設されたとき、議会は公園の区域内での「魚類や狩猟対象動物の野放図な殺生」を厳格に禁じた。だが創設直後に公園に職員として配置されたのは文官で、きちんとした巡回はしていなかった。公園とは名ばかりだった。オオカミ猟師はバイソンやエルクを殺してあとさき考えずに死骸に毒を仕込んでいた。彼らの行為はオオカミの個体数を決定的に減少させた。一八八〇年のイエローストーン公園年次報告書によれば、「巨大で獰猛なハイイロオオカミまたはバッファロー・オオカミ、卑劣で不品行なコヨーテ、そして見たところ暗褐色か黒色の中間色をした動物は、かつて公園のどこでも非常に多かった。しかし、獣皮の価値と、そこら中でストリキニーネを仕込んだ死骸によって簡単に殺してしまうやり方が、オオカミをほとんど絶滅させるに至った」。一八七〇年代初期に公園内にいたオオカミ個体数の多さにくらべれば、一八八〇年にはほとんどいなくなったも同然だった。

アメリカ初の国立公園における野生動物の保護は手ぬるいと、東部の新聞や雑誌が注意を向けた。「フォレスト・アンド・ストリーム」誌の編集発行人ジョージ・バード・グリネルは、イエローストーン公園の野生動物保護に尽力した先駆者たる人物だ。公園内のエルクとバイソンを大量に殺す密猟者と売買目的の猟師《マーケット・ハンター》の話は、大衆の強い反応を誘発した。結果、一八八三年の議会の承認のもと、内務長官は一八八六年、イエローストーン公園の野生動物を保護するために第一騎兵師団を至急派遣してほしいと国防省に要請した。

一八八六年八月、騎兵中隊が到着した。軍隊の規律に則った活動は、公園の動物をどっさり獲ろうと欲にかられていた密猟者とマーケット・ハンターを締め出すのに効果的だった。もちろん軍隊は、当時のほとんどの人々と同じように、捕食者ではなく狩猟対象動物を保護することに関心があった。にもかかわらず、公園の記録によると、一八八六年から一九一四年のあいだ公園でオオカミはほとんど殺されていなかったことが明らかになっている。

その同じ記録によると、一九一二年頃からオオカミの目撃が急に増え始めた。監督官の一九一四年年次報告にはこう記されている。「相当数のハイイロオオカミが公園内に出没して、一〇頭かそれ以下の頭数の群れで歩き回っているのが目撃されている。オオカミを殺す努力はなされているものの、北の境界線の外側でわずかに殺されているだけで、公園の内側ではこれまでのところまったく獲られていない。駆除事業はこれからだ」

一九一五年にはすでに、オオカミはそこにいてはならない存在になっていた。監督官の報告書はオオカミを「エルク、シカ、オオツノヒツジとレイヨウにとっての明白な脅威」と位置づけた。

もし、連邦生物調査局と公園局がなかったら、オオカミはイエローストーン公園内で生き残れていたかもしれない――この二つの連邦政府機関がオオカミを根絶やしにしようと力を合わせたのだ。生物調査局は今日の連邦魚類野生生物局の前身だが、西部においては捕食動物駆除の担当官庁だった。議会は一八八五年、野生生物と経済についての調査をすすめるために生物調査局を創設した。偉大な博物学者C・ハート・メリアム指導のもと、設立された当初、当局は水鳥など狩猟対象の鳥の保護機関と考えられていた。しかし世紀が変わる頃、西部の畜産業界やその支援者からの激しい圧力を受けて、議会は当局の最優先課題を捕食者駆除に切り換えた。生物調査局の主たるターゲットは合衆国西部一帯のオオカミ、コヨーテ、ピューマ、グリズリー［ハイイログマ。日本のヒグマと同種］、アメリカクロクマになっていった。西部各州はまさに、組織的な捕食者根絶の計画の端緒を開き、先駆けとなる地域であった。

一九〇七年、生物調査局は森林局と協同で「西部の放牧地帯の畜産農家がこうむった莫大な損失と、保護林、鳥獣保護地域、そして国立公園における狩猟対象動物の被害」に関する特別報告を作成した。報告書の著者は生物調査局の主任研究員ヴァーノン・ベイリーだった。彼が「ナショナル・ジオグラフィック」誌の一九〇七年二月号で語っているように、「この報告書は主に、狩猟者、罠猟師、森林官、そして農業従事者が、罠や毒や狩猟でオオカミを獲り、子のいる巣穴を見つけ出して捕まえることを奨励することを目的にしている」。彼の持論では、オオカミ一頭あたり年に一〇〇〇ドルの損失を畜産農家に与えているのだった。

だが、真のターニングポイントは一九一四年におとずれた。議会が生物調査局に対して「オオカミ、プレーリードッグ、その他、農作業と酪農・養鶏などに有害な動物を駆除する」ための特別資金を割り当てたのだ。この資金拠出が、当局の致死的事業を支える新しい力になった。

生物調査局は捕食動物根絶に強い熱意をもっており、国立公園の境界線などほとんど考慮していなかった。その証拠にヴァーノン・ベイリー自身、一九一四年から一六年までのあいだにイエローストーン公園で少なからぬ時を過ごし、偵察隊にオオカミの巣穴の見つけ方と破壊方法を教えたのだった。彼は「継続的に駆除を実施して、狩猟対象動物に深刻な打撃を与えることがないくらいにオオカミの頭数を抑えるように」と忠告した。初めの頃、軍による捕食者駆除は無計画なものだったが、ベイリーはより組織的かつ熱意をもって、オオカミを殺すように軍を変えていった。

一九一六年、議会は公園局を創設した。こうしてイエローストーン公園は再び、軍人ではなく文官による管理になった。公園局の使命《ミッション》は、オオカミには有利に見えた。議会は新しい管理当局に「景観と自然、そして歴史的なモニュメントとその中にいる野生生物を保全し、未来世代が楽しむことができるよう、損なわれないような手段と方法で変わらぬ楽しみを提供するように」と命じたのだ。当時の公園局は、未来世代がやがてオオカミの個体群を維持するのにいかに熱心に取り組むようになるかなど、知る由もなかった。

公園局がイエローストーン公園の管理を始めたのは、オオカミにとってはきわめて重大な時期だった。その頃オオカミの数が増加し、駆除せよという圧力が極度に高まっていたのだ。加えて、公園内の大型の狩猟対象動物の個体数が回復していたので、公園を囲む各州は、近隣の動物がいなくなった地域に公園からあふれ出た狩猟対象動物が再定着することをあてにしていた。

産声をあげたばかりの公園局が一九一八年に業務を引き継ぐと、とたんに軍が受けていたのと同様の圧力に屈した。イエローストーン公園のレンジャーに課せられた最初の仕事は捕食者駆除になった。軍隊が始めたことを、公園局が仕上げた。一九一四年から一九二六年のあいだに、政府は公園内で少なくとも一三六頭のオオカミを殺した。最も効果的だった手法は、ヴァーノン・ベイリーがよく使ったやり方だった。春の繁殖期のあいだに巣穴にいるオオカミたちを見つけ出し、一家をまるごと駆除するのだ。公園の記録から、この時期に殺されたオオカミの半数以上が子オオカミだったと分かっている。

一九二三年、公園局のレンジャーは、イエローストーン公園で知られていた最後の巣穴のオオカミを駆除した。タワー滝《フォール》の近くだった。その後の三年のあいだ、レンジャーまたは他の政府雇いの猟師が公園内で殺したオオカミの数はごくわずかにすぎなかった。公園の歴史をひもとく人は、一九二六年、公園の北東部にあるソーダ・ビュート近く、バイソンの死骸のところで罠にかかった二頭の若いオオカミの写真を、イエローストーン公園にオオカミがいた最後の確実な証拠として用いる。公園内でのオオカミ目撃例は減少していった。一九三〇年にはオオカミはもう、そこに棲むものではなく外から訪れてくる存在になった。その後の六〇年間、オオカミの目撃情報は周期的にもたらされた。一九六〇年代の終わりから七〇年代のはじめにかけて、不確実な情報が急増したこともあった。だが、一九二三年以来、イエローストーン公園で繁殖を報告する者は誰もいなかった。

なぜアメリカは捕食動物を根絶したのかについて、哲学や倫理学の論文が数多くの深い考察を行なってきた。私たちは、自分たちの中に北ヨーロッパの遺産が拭いがたく影響していることについての論説を読み、また心理学の辛らつな論文では、何百年も昔の民話がいかにオオカミについての大衆の憎悪を生み出してきたかを知る。

だがしかし、なぜ人々がオオカミを根絶したかの最も明白な説明は、やはり「それが最善だったから」ということに思える。明白で単純なこと、つまり自己の利益だ。憎しみや無知ではない。もし、今日オオカミのひとつの群れが農場の家畜の二五パーセントを殺したなら、私たちはやはり駆除を続けるだろうし、アラスカでオオカミを管理しようと苦労しているので分かるように、オオカミが大型狩猟対象動物の個体数の存続を脅かすとしたら、たぶん私たちは大目にみることはしない。だが、西部におけるオオカミ根絶の歴史は、本当にそうした込み入った話ではなくて、そこで起きた信じられないほど急激な変化――つまり大型狩猟対象動物が豊富にいて家畜はゼロの状態から、大型狩猟対象動物がほとんどいなくなり家畜が山ほどいる状態への変化――があったのだ。オオカミは注意を家畜に振り向け、そしておそらくたくさん殺した。大型狩猟対象動物の種の存続を憂慮した狩猟愛好者にけしかけられたこともあって、畜産業界は州政府に報奨金を出すよう圧力をかけ、議会に対しては州当局がオオカミ駆除の先頭にたつよう命じさせた。オオカミの存在価値に意味を見出さなかった社会が、オオカミの絶滅を目撃することになった。これで話はおしまいだ。

――いや、もう少し続きがある。

3 たいまつを継ぐもの

モンタナ大学野生動物生物学教室の教授レス・ペンゲリーは燃えるような情熱の人だ。彼の体格はごく平均的だったが、アイデアがつまっていそうな、完璧な禿頭が異彩を放っていた。彼を見ると、コミック版の『スーパーマン』に出てくる、超能力やコンピュータを駆使し、光る頭をもつ宿敵ブレイニアックを思い出す。ペンゲリーについては面白い話がたくさんある。頭の回転が早く、野生動物の世界では「西部で最も回転の早い男」と評判を得ていた。誇り高く、まっすぐで、喧嘩っ早く、オフィスにハリー・トルーマンの引用句を掲げていた。「私が地獄を見せるのではない。私はただ真実を語る。それを彼らが地獄と考えるだけだ」

彼は自分を「文化的な放浪者」と呼び、知識人には珍しくマキャベリを引用するのと同じようにコメディアンのグルーチョ・マルクスを引用した。彼の回転の速い頭脳は、人と動物の関係の、微妙なニュアンスや皮肉を楽しんでいた。彼は科学に重きを置いていたけれども、野生動物問題では社会的な要素がより重要な役割を果たすことも承知していた。生物学における政治の重要性を認めることをためらわず、学生にもその厳然たる真実を知ることを求めた。私もそうした学生の一人だった。私は環境研究の修士課程にいた。テーマは、野生動物の生態とジャーナリズムを結びつけることだった。

大学でペンゲリーが教えていた最も人気のコースは「バイオポリティクス（生物をめぐる政治）」だった。彼は「野生動物の生物学は、科学であると同時に技術《アート》である」という表現を好んだ。「技術《アート》というものは、科学をその時代に応用する方法なのだ」。彼はこの講座を通して、魚類や野生生物の管理の現実を素朴な学生に教え込んだ。彼自身が研究者としての形成期を過ごした頃に疑りぶかい鉱山師や畜産農家に野生動物保護の利点を解説しながら得た、幅広い実地経験を職務に取り入れた。

ペンゲリーは、州と連邦の両方の野生生物問題に深く関わっていた。私が彼の学生だった頃（一九七四年から一九七六年）、彼は国をリードする野生生物学者の専門組織、野生生物学会の会長をつとめ、モンタナ州の野生生物政策を決めるモンタナ州魚類狩猟委員会のメンバーだった。

その頃のことを振り返ると、私は、ペンゲリーが私のような何も知らない素朴な院生のためによく時間を割けたものだと驚くのだ。

権威ある地位にいるにもかかわらず、彼は自分を重要人物とは思っていなかった。彼は言ったものだ。「その人を包んでいるものが多いと、その人自身は小さくなってしまうんだよ」。しかし、彼は専門的な職業上の義務や彼の学生のことは重要と考えていた。私がその当時の主要な野生生物の問題に興味を示したため、彼は私を手元に置き、捕食者駆除のこみいった事情や、絶滅危惧種政策、そして狩猟対象ではない野生動物の保護などについて探求するために時間を使わせてくれた。

彼は、自然資源管理の専門家の政治的な策謀について厭きることなく論じた。彼が好んで嘲りの標的としたのは、モンタナ州魚類狩猟部で前の部局長だったフランク・ダンクルだ。ダンクルはその数年前、鉱山や林業の関係者のための非営利グループの活動を始めるまえには、知事への立候補に失敗していた。ペンゲリーはダンクルを、道徳的規範をもたない政治的日和見主義者だと見ていた。そのころの私たちは、ダンクルがいずれイエローストーンへのオオカミ再導入の大きな障害のひとつになるだろうということは、知るよしもなかった。

ともかく、私がペンゲリーと知り合った頃、彼にとって一番の重大な課題は――彼が国際的な評価を得た課題でもあるが――イエローストーン公園のエルク管理の問題だった。彼はこの葛藤のことを「不思議の国の悪意《マリス》」と呼んだ。私は、入学して数ヵ月後には、教わらなくてももうこの話を知ることになった。

世紀をまたぐ頃から議論のタネであったイエローストーン公園のエルク問題は、レンジャーが公園でエルクを大量に撃ち始めた一九六〇年代に、国を挙げての論争のテーマになっていった。レンジャーの目的は、エルクの群れを間引くことで餌となる植物とのバランスがとれるようにしていくことだった。しかし、年に四〇〇〇頭ものエルクを殺したため、市民が激怒した。六〇年代初頭に二つの主要な政府主導の委員会がこの状況を概観している。

それらのレポートによれば、「国立公園とは原初的なアメリカの景観を保持するべきもの」であり、したがって公園の管理者は自然をその方向へ持っていく必要があった。イエローストーン公園の科学者はすでにその路線に沿うことを考えていた。彼らは、前任者が公園のエルク管理の基礎としていた多くの前提を、疑うようになっていた。そして一九六八年、論争の真っ只中で、イエローストーン公園は「自然調節」と呼ばれる新たな方針を採用した。公園内から人間の影響を排除するという構想だ。この方針では、エルクの直接的な駆除を中止し、頭数の調節を、捕食者を含む自然のプロセスに委ねることになる。ただ一つ、まぎれもない難点があった。動物の中で最も重要な捕食者――オオカミ――が失われていたことだった。

ペンゲリーや、公園局を酷評するさまざまな立場の人たちは、自分たちが理解している「自然調節の科学的欠点」をはっきりさせられると意気込んだ。難しいエルク問題に対して自然調節の方針をとるのは、あまりに安易すぎる。そのとき彼らは、現在問われているのと同じ疑問を提起した。「イエローストーン公園にエルクは多すぎないか？」「エルクは公園地域で過剰採食し、他の動物の害になっていないか？」ペンゲリーをはじめとする研究者は、エルクの増えすぎが公園内の植物の多様性（特にアスペンとヤナギ）を減少させ、そのためオジロジカや鳴鳥、ビーバーの数を減少させることになると主張していた。それに対し、公園局の役人は「公園エリアは健全だ」、と反論した。「過剰採食されてはいないし、公園内の植生の変化は山火事による影響や、地質学的要因、天候などによるものだ」と主張した。

私はイエローストーンのエルクの物語を、いつも好奇心をそそられて一つ一つ注意深く聞いていた。話は複雑で、様々な意見をぶつけあう人々であふれていた。しかし、ある日私は軽率にも、「この議論にはそもそも、する意味があるのですか」と質問してしまった。結局のところ、現代のモンタナでエルクは、コマドリと同じようにどこにでもいる動物だったからだ。

幸いなことに、ペンゲリーは無知や勉強不足には寛容だった。彼は、禿頭をなでながら、机の向こう、黒い角メガネの奥から私を見つめた。そして、アリゾナにあるカイバブ高原の一群のシカのことを辛抱強く説明してくれた。アメリカの野生生物管理の歴史の中で、シカやエルクのたどった運命は、何世代にもわたる彼ら自身の頭数管理に影響しただけでなく、自然生態系の中での捕食者の役割に関する知見まで方向付けたのだ。

カイバブ高原は、グランドキャニオンの北の縁にあり、一九〇六年に狩猟対象動物の保護区になった。そのころ、シカやエルクが減ってしまうことへの国民的な懸念はピークに達していた。セオドア・ルーズベルト大統領や初期の狩猟愛好者のグループは、連邦当局に、カイバブに対して対策をとるよう迫った。彼らはシカの狩猟を一時中止する一方、連邦生物調査局にピューマやグリズリー、コヨーテ、ボブキャット、そしてわずかに残っていたオオカミなどすべての捕食者を駆除させることにした。その地域の家畜の数も大幅に減らすことにした。

はじめのうち捕食者駆除計画はうまくいったように見えた。シカの頭数が大きく増えたのだ。しかし不幸なことに、彼らは増えるのをやめなかった。シカたちは植生のほとんどを食べつくすほどに増え続けた。シカが増えすぎているという点で、科学者たちの意見は一致した。にもかかわらず、シカを保護したいという市民の心情はかえって強くなり、当局にはシカを殺すという政治的な意思決定ができなかった。一九二〇年代半ば頃までにカイバブ高原のシカの群れを飢餓が襲い、続く一〇年間、急激に減少し続けた。

カイバブ高原のシカの話は、野生生物についての典型的な事例になり、その後半世紀もの間、生物の教科書に載ることになった。その話は時を超えて進化した。まず最初に狩猟管理者が、「この事例は、狩猟対象動物を完全に保護しても、野生生物は必ずしも健全な頭数にはならない証拠だ」とした。後年、アルド・レオポルドなど生物学者は、「カイバブの事例は捕食者を捕りすぎることは危険だということを示す証拠だ」と言い、人びとの心をざわめかせた。さらにその後、一九七〇年代には、現代の科学者たちが、「カイバブ高原のシカの事件は何の教訓にもならない」と、その価値を下げた。彼らは「捕食者と被食者の関係は、カイバブの例が示しているような単純な因果関係よりももっと複雑なシステムだ」と論じたのだ。

「イエローストーン公園のエルク問題は、カイバブ高原のシカの話と同じくらい国民にとって重要なことだ」とペンゲリーは言った。彼は、「エルク問題の議論は、捕食者管理の手本になるだけでなく大型草食動物の管理についての手本にもなる。アメリカの野生生物の歴史においてカイバブと並んで重要な事件になるだろう」と予言した。「私たちがここから学ぶ教訓は、合衆国だけにとどまらず、世界中で応用されるだろう。アフリカのどこかの国がゾウやライオンの保護を決定するかどうかは、イエローストーン公園で合衆国がエルクと捕食者に対して行ったことの直接の延長線上にあるかもしれないのだ」

今日、人々は、カイバブ高原のシカやイエローストーンのエルクによって引き起こされた問題について、もっとよく理解している。小学校の生物の教科書にさえ、捕食者と獲物、その他生態系を構成するものの間の複雑な関係が説明されている。「ナショナル・ジオグラフィック」をめくったり、「ディスカバリーチャンネル」を見るだけで、《食物連鎖》《食物網》《適者生存》といった用語を誰でも聞くことができる。

たった五〇年前、一般の人たちがこうした今では初歩的な知識についてほとんど知らなかったとは、信じられないくらいだ。だが忘れてはならない。科学者は、地球が丸いということを人々に納得させるために数世紀もかかっているのだ。

一九二〇年代の生物学者は、自然の体系がいかに働いているかを理解するために苦闘してきた。植物、動物、土壌の間に複雑な関係があることは理解できても、そのつながりを説明できるほどには、科学は進歩していなかった。生物学者は政治家に対して、「まだ誰も理解していない自然のシステムの一部分を排除するのは危険だ」と警告を発するのが精一杯だった。

一九二〇年代半ば、イエローストーン公園のオオカミがほとんど絶滅してしまった頃、そのことに抗議したのはアメリカ哺乳類学会の研究者グループだけだった。この学会の生物学者の多くは、国を代表する大学に所属していた。一九二〇年代から一九三〇年代を通じて、彼らは生物調査局の捕食者根絶の方針に繰り返し異議を申し立ててきたが、とりわけ最も激しい反対はアメリカの国立公園での捕食者駆除に対してのものだった。

彼らの反対は、良識あるものだったが多くは残念な結果に終わり、持続的だが突破力のないものだった。一九三一年、議会は獣害対策法を通過させることで捕食者駆除に反対する人たちを封じ込めた。この法案は、捕食者捕殺の予算を増額し、政府当局に捕食者捕殺の広範な権限を与えるもので、これは今日まで続いている。野生生物保護派が得たのは、小さな勝利だった。国立公園内での毒の使用と鋼鉄のわなの使用が、一九三一年に中止された。国立公園内でのすべての捕食者駆除は一九三五年に終わった。しかし、その決定はイエローストーン公園にとっては遅すぎた。オオカミはすでにいなくなっていたのだ。

一九三〇年代、オオカミ支持派たちはまだ、反対派の「オオカミや他の捕食動物は何の役にたつのだ?」という困った疑問に、うまい答えを見出せていなかった。

一九三〇年代から一九四〇年代にかけて、生物学は哲学ではなく科学になった。ダーウィンの進化論はこの大きな変化の方向を決めたが、科学はまだダーウィンの自然淘汰や適者生存といった進化の概念が正しいと証明することはできていなかった。

生物学者のポール・エリントンは、捕食者が被食者に与える影響に関する研究分野を開拓した。彼の最初の業績は、一九二九年、ウィスコンシン大学での博士論文、ハイイロギツネがコリンウズラに与える影響を研究したことだ。彼は後にアイオワ大学に移ったが、そこでも捕食者と被食者、特にミンクとマスクラットの関係を三〇年も継続して調査した。代表的な彼の研究『捕食と生命』では、捕食するという事実と捕食の影響とを人々がよく混同することを強調している。言葉を換えていえば、ある動物がもう一方を捕食するからといって、その捕食者が被食者の頭数を減らしてしまうとは限らない、ということだ。

それは新しい重要な観点だった。なぜなら、エリントンが研究成果を出版するのとほぼ同時に、生物調査局ヴァーノン・ベイリーが、まったく異なった見解を出版していたからだ。その本『イエローストーンの動物の生活』でベイリーは、「ここで明らかなように、オオカミと狩猟対象動物は同じ地域内でうまく共存し続けていくことはできないのだ」と結んでいる。

エリントンと同じく、オラウスとアドルフのムーリー兄弟が蓄えた科学的な研究成果は、捕食者に対する社会や行政の考え方を変えることに大きく貢献した。彼らの初期の仕事は、イエローストーン公園周辺の捕食者駆除に対してアメリカ哺乳類学会が続けていた非難がきっかけになった。一九三〇年代までにオオカミは大きく数を減らしたが、レンジャーはまだ公園内でコヨーテを殺していた。ムーリー兄弟の兄オラウスは、公園のすぐ南、ジャクソンホール地域で一九二七年から一九三二年までコヨーテを研究していた。『ワイオミング州ジャクソンホールにおけるコヨーテの食性』の中で彼は、コヨーテが何を食べているかを胃内容や糞分析にもとづいて報告している。彼はコヨーテの食性にはげっ歯類が重要であり、エルクの占める割合は比較的小さいことを発見した。

弟アドルフ・ムーリーの仕事は、彼の報告書のタイトル『イエローストーンのコヨーテの生態』が示すように、もっと広い分野を扱っていた。彼は、私たちが現代の生物学者に聞くようなことに答えてくれたのだ。コヨーテの生存に気候や食料、病気はどう影響するのか？　コヨーテは様々な獲物に対してどう反応するのか？

彼の鋭敏な観察力が、野生生物に関する学問の新しいアプローチに道を開いた。フィールドで長い時間を過ごして観察すること、動物の行動観察から結論を導き出すという方法も彼が始めたことなのである。

アドルフ・ムーリーは、一九四〇年から四一年にかけてをアラスカで過ごし、アメリカで最初の重要なオオカミの研究を行った。研究論文『マッキンレー山のオオカミ』で、彼はオオカミの複雑な社会生活の実像を描き出した。彼の文章は民間伝承の悪獣イメージをくつがえす新しい姿を引き出した。「長いことオオカミを観察してきた結果、私の心の中には、彼らの仲睦まじさが強い印象として残った」

エリントン、ムーリー兄弟、それから同じ考えを持った生物学者たちが、一九三〇年代から一九四〇年代にオオカミ保護のための科学的な基礎を固めてくれた。しかし、人間と自然のつながりについて生物学者が思い描くビジョンを、科学者でない普通の人に理解できるように説明してくれる人物が必要だった。アルド・レオポルドこそ、その人だった。

レオポルドはエール大学を卒業した森林監督官で、アリゾナとニューメキシコの森林局で彼が働き始めた一九〇九年は、カイバブ高原のシカに関する議論がまさに始まった年だった。有名になった彼の多くの業績は、ウィスコンシン大学の野生生物の教授だった頃に書かれたものだ。彼は野生生物の管理という職業の技術と科学の見方を記述した『狩猟管理』という一九三三年の著作で名を上げた。野生生物の管理者はこの本を職業上のバイブルとし、レオポルドをアメリカの野生生物管理の父と持ち上げた。

レオポルドの多くの業績や印象的な文章を見ているにもかかわらず、彼の友人たちの多くは、彼が複雑な知性を心の奥底に隠し持っているとは考えず、逆に、彼の最大の強みは、実直さにあると考えていた。彼の友人はかつてレオポルドの思想を「天才のひらめきではなく、普通の人が一つ一つ積み上げていったもの」と評したことがある。彼を特徴づけている性格は無限の楽観主義であり、問題解決のやり方はごく常識的だった。
レオポルドの思想は捕食者の役割を見直したという点で知的な革命というべきもので、イエローストーン公園のオオカミ復活につながる社会全体の変化の兆しだった。彼は森林監督官としての初期の時代を、オオカミやピューマ、コヨーテ、クマなどが最後に残った南西部でシカの頭数を増やそうとする政府の一員として、捕食者駆除に携わって過ごした。彼は当時この仕事を重要なものだと考えていた。一九一九年の論文でレオポルドは、激しい調子で捕食者根絶を呼びかけた。

ニューメキシコは、捕食動物の根絶作戦で西部の先頭を走っている。我が州の防衛評議会は、こうした害獣を駆除するたいへんな努力を払い、連邦生物調査局のために資金を用意している。この努力は戦果を上げてはいるが、まだ始まったばかりだ。そして継続しなければならない。これは要は金の問題なのだ。小出しにせず、万単位の金を、出し惜しみや制限なく支出するべきだ。早くすればするほど安くすみ、遅くなればなるほど却って害獣は増えることになり、報奨金もまったく無駄になってしまう。ニューメキシコの人口の三分の一、財産の二分の一を占める狩猟者、資本家が、ピューマ、オオカミ、コヨーテ、ボブキャットの撲滅を要求している。

カイバブのシカの事件が、レオポルドに大きな影響を与えた。加えて、エリントンやムーリーのような当時の先端を行く科学者である彼の友人が、彼の捕食者に対する考え方、捕食者管理に関する考え方を変えたのだった。よく引用される彼の随筆、死後に刊行された一九四九年の『野生のうたが聞こえる』の中に収録されている一節「山の身になって考える」の中で、彼はその変化の根本的な理由を述べている。レオポルドと彼の同僚が、ニューメキシコの川を泳ぎきったオオカミを撃ったとき、彼は神の声を聞いた。

私たちが老いたオオカミに近づくと、獰猛な緑の炎が彼女の目の中から消えていくところだった。その時、私は理解した。そしてそれ以来わかるようになった。私が知らなかった何かがその目の中にあった。オオカミと山だけが知っている何かが。当時私は若く、銃を撃つ気満々だった。オオカミが少なくなればシカが増え、狩猟者の天国になると信じていた。しかし、緑の炎が消えていくのを見てからというもの、私はオオカミも山も、その見方には賛成しないかもしれないと思うようになった。

レオポルドがこの文章を書いたのは一九四四年。その時から彼は、合衆国にオオカミの生息地を復活させる必要があるという主張をしだいに強めていった。それは、ヤングとゴールドマンが古典的な大著『北アメリカのオオカミ』を刊行したまさに同じ年だった。レオポルドがヤングとゴールドマンの賛同者ではないことは明らかだ。生物調査局に長年勤務し、捕食者駆除とオオカミ根絶を熱心に押し進めたこの二人の著作について、「森林ジャーナル」に掲載されたレオポルドの書評にはこう書かれている。

生物資源保護の観点から、私はこの本には大変失望している。本書の最後の文章には以下の主張が付け加えられている。「合衆国内においてさえ、かなりの広さの生息地が残っていて、アカオオカミやハイイロオオカミが、ほとんど邪魔されることなく存続を許されている」。そのとおりだ、誠実な環境保護主義者なら同じように考えるはずなのだ。しかし連邦魚類野生生物局は、根絶という仕事を完成させようとしている。その前に、その存続を許すという考えの方を実行する責任はないだろうか。また、それはいったいどこの地域になるのだろう。理性的な環境保護主義者ならおそらく誰でも、大きな国立公園や原生地域に彼らが存続するべきだということに賛同してくれるだろう。たとえばイエローストーンやその周辺の森だ。イエローストーンのオオカミは、一九一六年に絶滅した。〔原注　実際は一九二〇年代半ばまでいた〕。それ以来この地域はオオカミのいない場所になってしまった。家畜の多いワイオミングやモンタナからオオカミを根絶させることは必要だったとしても、イエローストーンには、無傷の動物たちを補充してはどうだろうか。

イエローストーン公園にオオカミを帰還させようというレオポルドの要請は、実践的というより観念的だったので、すぐには実現しようもなかった。コヨーテをおびき寄せ、毒殺するための餌場を作ることが公園周辺で計画された。公園内のオオカミはいうまでもなく、捕食動物全般に対する市民の支持はまだまだ少なかった。

しかし、レオポルドは、普通の人たちが捕食者に関心を持つべきだという理由を、だれよりもはっきりと、熱意をこめて説明した。彼はエッセイ集『川のほとりで《ラウンド・リバー》』の中で、詩で訴えることまでした。想像上の怪物ポール・バニヤンが見つけた伝説の湖水地方では、川は永遠に循環している。レオポルドは、自然のシステムの循環的な流れをその川にたとえた。そうすることで彼は、今まで誰にも答えられなかった疑問に答えを出した。「無知からくる究極の疑問、それは、植物や動物がいったい何の役に立つのかという問いだ。もし、大地の仕組み全体が役に立つものなら、私たちがその仕組みを理解しようとしまいと、すべての要素を守ることが役に立つのだ。もし生物相が永遠に続く循環する水路の中にあり、人間には理解できなくても自然そのものには必要な関係ができあがっているとしたら、一見して人間の役に立たないと思うものでも捨ててしまうのは愚かなことだ。自然を構成するすべての歯車と車輪を維持しようとすることは、知力で自然を修復していく最初の予防策なのだ」

　レオポルドの文章は変化につながる風を起こした。おそらく強風ではなく、微風程度だったが、明らかに風は吹き始めた。

4 害獣からロックスターへ

カナダの生物学者ダグラス・ピムロットは物静かだが情熱的なオオカミ研究者で、科学だけではオオカミを救えないと誰よりも早く気づいた人物だ。アルド・レオポルドらは人がなぜオオカミに配慮するべきかを語ったが、ピムロットは人が配慮する、、、、ようになる道を見いだした。

オオカミ保護の成功は一般大衆の支援にかかっていること、とりわけオオカミが生息するのと同じ地域に暮らす人々からの支援が重要であることを彼は理解していた。一九六七年にディフェンダーズ・オブ・ワイルドライフ［著者が所属する非営利の自然保護団体。北米の動植物の在来種とその生息地および生物多様性の保全を目的とする。一九四七年創立］の機関誌「ディフェンダーズ」に掲載されたピムロットの記事は、イエローストーン公園にオオカミを復活させようという最初の呼びかけのひとつであり、やがて目標を達成するために野生動物保護派がたどることになる道筋をさし示すものだった。

一九六一年、ピムロットはカナダの仲間たちに「今の時代に、自然保護の最も重要な問題は何だろう?」と問いかけた。「二〇世紀が歴史として過ぎ去る頃にも、オオカミはまだ世界に存在するだろうか。それとも人はオオカミを根絶しているだろうか――人が最終的に自然領域を征服した証、あるいは人と競合し軋轢を起こす野生そのものを征服した証として」

彼は母国カナダがアメリカ合衆国の過ちを繰り返し、オオカミを根絶しようとするのではないかと危惧した。この危惧には相応の理由があった。一九六〇年代初頭、カナダではオオカミに激しい敵意が向けられていた。政府当局は大型の狩猟対象動物への捕食を減らすために空からオオカミを撃ち、地上では家畜を守るためとしてオオカミを毒殺していた。ピムロットはカナダの大きい自然公園や原野でのオオカミ保護を提言した。私利私欲のない彼の誠実さはカナダの環境保全の世界で尊敬を集めた。ピムロットの決まり文句は、「対決ではなく対話を。憎しみあうのではなく、胸襟を開こう」だった。彼は一九七八年に亡くなったが、カナダでは今も研究者や野生動物関連の役所で働く人々の一番のお手本とされている人物である。

ピムロットの主張は科学にもとづいていた。一九五九年、彼は卒論研究を終えた後で、ミネソタ州との国境を越えたすぐ隣、カナダ・オンタリオ州のアルゴンキン州立公園でオオカミの研究を始めた。彼は自身のオオカミ研究から得た多くの知見を、公園を訪れる人たちに向けた解説やレクチャーに生かした。さらに彼は、一般の人々がオオカミと直接関わりをもつ機会をつくる方法を見つけ出した。研究をする中で、彼はオオカミがテープに録音した同族の遠吠えに反応するだけでなく、人がこの心に残る音色を真似る声にも反応することを知った。遠吠えの真似はとりたてて上手である必要はなかった。遠吠えをすることでピムロットはオオカミを捜し、頭数を数えることができたのだった。

夕刻に行われる彼のレクチャーにはやがて人々が押し寄せるようになった。人々はどやどやと車に乗り込み――隊列は一五〇台をこえることもあった――寂寥たる月明かりの道をはるばる遠くまで運転してゆく。目的地に到着すると一同は遠吠えをして、オオカミが反応するのを待ちかまえる。うまくいけば大喜びだ。

「群れ《パック》の遠吠えが止み、おりてきた静寂は突如、人々の興奮したざわめきに破られる。いつも必ずそうだ。誰もが興奮して、弾けるようにいっせいに喋り出し、たったいまの素晴らしい野生体験のスリルを分かち合う」とピムロットは書いている。「そしてこれもまた毎回そうなのだが、無関心は影をひそめ、なぜ人間は自然環境を生き物たちと分かち合う心の用意をしておくべきなのかを理解し始めるのだ」

カナダでのオオカミ支持は増え始めた。

ピムロットがアルゴンキン公園でオオカミ研究を始めたのと同じ時期、合衆国で指折りの野生生物学者の一人、パデュー大学のダーワード・アレンは、新しい野心的なオオカミ研究計画に取り組む学生をさがしていた。調査地はミシガン州のアイル・ロイヤル国立公園だ。スペリオル湖の北方に浮かぶ長さ七二キロほどのこの島と、本土カナダ・オンタリオ州とのあいだには、一九四八年から四九年にかけての冬、異常な寒さのために氷の橋がかかった。氷を渡って島にやってきたオオカミは主要な餌としてムース（ヘラジカ）を利用することでそこに定着した。ロイヤル島は孤立しており、外部からの影響を免れていることから、オオカミと獲物動物の相互関係の研究に最適なユニークな場となっていた。

アレンは優秀な学生を求めて広く人材をさがした。友人の一人であるコーネル大学の教授が、将来有望な、しかし明らかに世慣れしていそうもない若い学生を彼に引き合わせた。学生の名はL・デイヴィッド・ミッチ。対面のとき、アレンは延々と《神秘的な》ロイヤル島の壮大な物語と、そこでしかできない研究の機会について語った。

ミッチは、アレンと、彼の重要な研究に心惹かれた。だがミッチはすでにニューヨーク州アディロンダック山地で、コヨーテの研究で学位をとることにしていた。彼は、有名な生物学者が素晴らしい研究計画を自分に説明するために、なぜわざわざ時間をとっているのだろうと困惑していた。「ニューヨーク州の外に行くなんて夢にも思っていなかったんだ」と、ミッチは後に語った。「アレンがロイヤル島についてすべて話し終えた後、私は彼に、素晴らしいプロジェクトだと思います、うまくいくことを願っていますと言った。すると彼は、君、やる気はあるかねと言ったんだ。ええっ、俺ですか？　これが始まりだった」

ミッチはオオカミ研究のためにロイヤル島で三年間過ごし、パデュー大学の博士号を得た。オオカミ研究のスター誕生だ。「ナショナル・ジオグラフィック」誌は一九六三年のオオカミにまつわる物語の中でミッチとアレンを紹介したが、これは二〇年目［ムーリーに始まるオオカミの科学的な研究の開始以来］にして初の記事だった。オオカミ研究で国を引っ張っていくことになる立場を確立するにはこれで十分ではあったが、ミッチは次に『オオカミ――絶滅危惧種の生態と行動』（一九七〇年）を書いた。この本は今日、オオカミについての科学的な書籍の中で最も包括的なものだ。

この本には学術書以上のことが書いてある。巻末でミッチは、オオカミを研究した者としてピムロットと同じことを別の言葉でこう語っている。「オオカミが生き残るためには、オオカミを嫌う人々を数で上回らなくてはならない。より声を大きくし、資金を集め、票を集めなければならない。オオカミ嫌いの人々の偏見にみちた狭い視野を、自然の仕組みへの理解にもとづいたものの見方へと変えなければならない。最終的には、嫌悪の念を愛情へ――自然の全体性を愛し、損われていない原生的な場をいとおしむ心へと置き換えなければいけない――オオカミはそれらに不可欠な、美しくて興味深い存在なのだ」

ダグラス・ピムロットと同じくミッチも、科学だけではオオカミを救えないことを理解していた。ともあれ、科学者のものの見方は、大衆がオオカミをどう見るかに大きな影響を与え続けていた。一九六〇年代と七〇年代の映像と書物はもはやオオカミを極悪な殺戮マシーンと描写することはなく、自然のバランスの維持に役立つ動物と描いていた。

今から何十年も前、アドルフ・ムーリーの小論『マッキンレー山のオオカミ』は同時代の科学者に影響を与えた。だが、最初に一般大衆にオオカミの習性を広く伝え、オオカミを愛好するなどというとんでもないことに当時のアメリカ人を巻き込んだのは、カナダの作家だった。ファーリー・モウェットの一九六三年の本『ネバー・クライ・ウルフ』だ。

ムーリーの科学的な報告書とモウェットの本は驚くほど似ていた。著者がクライマックスの場面でオオカミの巣穴に入るところなど、そっくりだ。モウェットは彼自身の実体験だと主張しているけれども、この本の多くの部分は借用のようだ。彼は他の研究者たちの功績をまったく認めなかったので、この本は科学者たちから容赦なく論評された。その一人がピムロットだった。ピムロットはこの本を評して「想像とファンタジーと、すでに出版されている他の研究者のデータの混合物だ」と述べた。モウェットの描き方の巧みさや、オオカミたちへの思いがこもっていることについては認めた一方で、彼はこう結んだ。「この本がもし、ありのまま――つまり事実をもとにしたフィクションとして発表されていたなら、私は『ネバー・クライ・ウルフ』をもっと楽しむことができただろう。しかしこれはノンフィクションとして発表された。いずれにせよ嘆かわしいことだ」。だが一方で、この本は、大衆がオオカミに興味をもち、心を寄せるようになるために、それ以前の科学的成果をすべて合わせたよりも大きな役割を果たした。

オオカミの研究が進展するにつれ、科学的なオオカミの姿はナショナル・ジオグラフィック協会の特集や公共放送サービス（ＰＢＳ）の「ネイチャー」シリーズ、オマハ協同組合提供の「ワイルド・キングダム」といった自然もののテレビ番組の目玉になった。

こうしてオオカミについての広報が好意的なものになるにつれ、大衆のオオカミ保護への意識が変わるのも不思議はない。開拓時代の名残の抵抗はまだ残ってはいるものの、今日ほとんどのアメリカ人はオオカミがこの世に存在するに値すると信じている。メディアによるオオカミの描き方も、世紀が二〇世紀に変わる頃のものとはまったく異なっている。

まわりを見渡してみよう。オオカミへの風潮が変化したことをどこでも目にする。オオカミ柄のＴシャツ、スリッパ、マグカップ、ビール箱《ケース》。パジャマだってある。子供が抱いて遊ぶオオカミのぬいぐるみが商品棚のテディベアのとなりに並んでいる。ロックバンドのロス・ロボス（スペイン語で「オオカミたち」）が一九八四年にリリースしたヒット曲のアルバムタイトルは、「オオカミはどうやって生き残る？」だった。一九八〇年代と九〇年代初頭、映画『ネバー・クライ・ウルフ』や『白い牙』、『白狼』などが更なるオオカミ人気を博した。一九九〇年の大ヒット映画『ダンス・ウィズ・ウルブズ』に描かれたオオカミは、友好的で好奇心旺盛な、悲劇の主人公だった。全米愛護協会によれば、この国ではオオカミと交雑させた犬を三〇万人以上の人々が飼育している。

一九六〇年から七〇年代の文化の変化は、環境についての重要な変化にもつながった。七〇年代に起こった環境保全上の二つの出来事が節目となり、そこからイエローストーン公園にオオカミが再導入される道が開かれていくことになった。

最初の重大な出来事は思いがけなく実現した。捕食動物の毒殺の禁止だ。一九六〇年代にワイオミング州で行われていたワシの毒殺は、連邦政府の捕食者駆除計画への激しい抗議の火に油を注いでいた。にもかかわらず、一九七二年年頭の一般教書演説で、大半の自然保護団体関係者はひどく驚いて口をあんぐりと開けてしまった。何とニクソン大統領が公有地での捕食者駆除のための毒の使用禁止を宣言したのだ。大統領はさらに、私有地でも捕食者の毒殺を禁じる法整備を目指すと約束した。ニクソン大統領のこの動きについて、多くの人々はアラスカのパイプラインを擁護していることが不評なことを相殺するための、再選をにらんだ抜け目ない戦略であろうと見た。しかし彼は約束を守った。ほぼ一世紀の間で初めて、西部の公有地は――イエローストーン公園に隣接する地を含めて――毒による捕食者駆除を免れることになった。このたったひとつの出来事が、他のどんなことにもましてオオカミとその他たくさんの捕食動物が再び西部に生息できるようになるのに役立った。

二つ目の節目となる出来事は、議会が絶滅危惧種法（ＥＳＡ）を可決したことだ。今日さまざま議論になっているにもかかわらず、一九七三年にこの法律が通過するときには、反対の挙手はほんの一握りだった。この法律は、四八州の中で生き残っているオオカミも含めた、リストに挙げられた種を保護することを命じており、自然保護関係者はついに自分たちが運転席に座ったのだと知った。それまで自然保護側は、野生動物を守ることは経済を邪魔したり開発を阻止したりしないと証明しなければならなかった。しかし今度は、伐採や鉱山開発、畜産やその他の産業の代表者の方が、自分たちの行為は絶滅危惧種や危機にさらされている種を脅かさないということを示さなければならなくなった。

近代史の中で初めて、野生動物は――少なくともその中のある種は――伝統的な概念でいうところの進歩や発展よりも大切なのだと国を挙げて決めたのだ。この新しい法律は、オオカミをイエローストーン公園に復活させることを真剣に検討する下地になった。

イエローストーン公園のオオカミ復活をめぐる一大叙事詩の中で、最も不可解な章が一九六七年に幕をあけた。公園内のオオカミ目撃情報が急に増え始めたのだ。もちろん、公園内でのオオカミ報告は目新しいものではない。レンジャーが公園で最後のオオカミを殺したといわれる一九二六年以降も、観光客の目撃報告は続いていた。一九二九年から六六年のあいだには、一〇年区切りで平均二〇件を超える目撃情報が観光客や公園職員から寄せられていたが、大部分は一頭で行動する動物についてだった。寄せられたうちの半分ほどは、公園職員が「オオカミの可能性あり」と分類するに足る報告ではあったが、確かなことは言えなかった。

だが、一九六七年から一〇年間にわたって人々から寄せられた報告は四〇〇件以上になり、公園局はそのうちの四分の一以上を「可能性あり」と判断した。多くの人々が、五頭の集団の動物を見たと報告した。

公園局に批判的な人々——レス・ペンゲリー教授もそのひとりだったが——の多くが、目撃情報の増加は公園局の希望的観測のせいだろうとした。当局が、自然調節という新しい方針を大衆に宣伝したいために、どの藪の陰にもオオカミを見てしまうのだと彼らは主張した。「レンジャーではなくオオカミがエルクの群れを減少させているとの印象を与えるのは、公園局にとっては都合がよいはずだ」と。

公園局は一九六八年にオオカミ目撃情報の集計の手法を変えた。これで目撃情報の増加を記録するのにかなり役立つはずだった。しかしこの集計方法の変更も、寄せられるオオカミ情報の明らかな急増を説明できるものではなかったようだ。

コヨーテをオオカミと見誤りがちなことも、イエローストーン公園のオオカミ報告急増の説明としては考えにくい。これは人々が犯しやすい誤りではある。コヨーテのサイズはオオカミの半分以下だが、分厚い冬毛の時期に体の大きいコヨーテは、見る人にオオカミにそっくりの印象を与える。しかし、アラスカやカナダに滞在し、オオカミとコヨーテを見分けるのに慣れている生物学者からも目撃情報が寄せられることがあった。

野生動物探偵ならば、このミステリーを説明するために三つの仮説を披露するだろう。一、イエローストーン公園内にオオカミの小さな個体群が何らかの方法で存続していた。二、カナダからきた少数のオオカミが公園へと南下した。三、誰かがそこへ飼育下のオオカミを放した。

はじめの二つは精査するまでもない。イエローストーン公園は開けていて見通しがよく、観光客が頻繁に訪れ、また当時はグリズリーとエルクについての徹底的な研究が公園内で行われていた。そう考えると、群れで行動し、頻繁に遠吠えをし、雪の中に足跡や血まみれの獲物を残す動物の存在を発見した者が誰もいないとはとても信じがたい。一九八〇年代半ば、モンタナ州のグレイシャー国立公園にオオカミの群れが戻ったが、その時は人々はほとんど即座に気づいた。

カナダから何頭かのオオカミがやってきてイエローストーン公園に棲みついたという見込みもなさそうだ。一九六〇年代の終わり頃、一番近くにいるオオカミ個体群はほぼ六五〇キロも彼方のカナダ南部にいる個体群だった。科学者によれば、オオカミの移動距離は八〇〇キロ以上にもなるそうだが、そうした進出はまれだ。加えて、カナダのオオカミは一九六〇年代には捕食者駆除計画によって激しく狩られていたため、増えてしまったから十分な餌を探し求めて分散していこうというような動機がオオカミの側に乏しかった。そのうえ公園へ移動してこようとすれば、くくり罠や毒入り餌、ライフルを持った猟師、オオカミを憎悪する牧場主たちをうまく避けなければならない。カナダのオオカミがついにイエローストーン公園にたどりつけたとしても、人々は間違いなく、「モンタナ州へと通り過ぎていく動物を見た」とたまに報告するだけだったろう。だがモンタナ州の漁業狩猟部（現在の州の魚類野生生物公園部）の記録には、この時期オオカミの活動が目立って増加した様子はない。

残るは、一九六〇年代にイエローストーン公園に誰かが飼育下のオオカミを放した可能性である。公園局をこっぴどく批判してきたモンタナ州の記者アルストン・チェイスは、公園局こそ首謀者だと告発した。しかし、一九八六年の彼の本『プレイング・ゴッド・イン・イエローストーン』でそう断定しているだけで、証拠は書かれていない。オオカミについての疑惑の核心の場面は、不正を暴露するスタイルの非公式会談で、ある公園レンジャーが名前を伏せてチェイスに語っている。イエローストーン公園の監督官が自分に、秘密の小さな不正を明かしたという。オオカミは公園局が用意していると。

公園局は、オオカミをひそかに導入することに関わったことなどないと真っ向から否定し、陰謀などまったくありえないとした。それよりも、公園とは関わりのない個人（いらなくなったペットを処分しようとしたオオカミ飼育者、あるいは政府が何もしないことに不満をもったオオカミ支持派の人物）がオオカミを放したという方が、はるかに現実的だった。

その頃すでに国民をリードする立場を不動のものにしていたオオカミの第一人者デイヴ〔デイヴィッド〕・ミッチは、このうわさを深刻に受け止め、一九七三年の出版物の合衆国におけるオオカミの位置づけの部分でもこれに言及している。「オオカミがカナダから運ばれてイエローストーンに放されたといううわさはしつこく続いた」

このオオカミ目撃情報がどう説明されるにせよ、一九七一年にはイエローストーン公園のオオカミ報告は減っていき、ワイオミング州とモンタナ州の国有林地域へと移っていった。もし誰かが公園にオオカミを放したとしても、そのオオカミは定着しなかったらしい。

実際にオオカミがイエローストーン公園に戻ってきたのかどうかという情報の混乱は、オオカミ復活への活動に相当なダメージを与えた。公園局の職員は、「公園にはもうオオカミがいるにちがいないのに、今さら再導入など必要なのか疑問だ」と言う人々に答えて、再導入の必要性を納得させるという余計な仕事までやることになった。この議論は、後に延々と続く、「再導入かそれともオオカミが自力で戻るのを待つのか」という論争の前触れだった。

そこでニクソン政権の内務副長官ナザニエル・P・リードは、一九七二年、オオカミ再導入を議論する重要な会合をイエローストーン公園で開催した。彼はこの計画に大賛成であり、事業を軌道に乗せることを望んでいた。出席者はミッチのほか、ピューマの専門家として国家的な第一人者モーリス・ホーノッカー、内務副長官の助手エイモス・イーノ、そして何名かの公園職員だった。

この検討会は、今後数年間のイエローストーン公園のオオカミ計画が戦略として何を行なうかを決めるものだった。決定した計画によれば、公園内にオオカミが存在するかどうかを一度徹底的に生物学者に調査させ、それを最後に結論を出すことになった。もし繁殖が確認されなければ、当局は再導入の準備を始めることになる。

一九七四年、公園局は調査を指揮するためにジョン・ウィーバーを雇った。彼は、夜は歴史的な記録を詳細に調べ、ここ数十年のオオカミ目撃情報の信憑性を評価するのに時を費やした。昼はオオカミの足跡や糞を探し、遠吠えに耳を澄まし、人目を避けるカニス・ルプスの姿をちらりとでも捉えようと、徒歩で、スキーで、また航空機で公園上空を飛んだ。車にはねられて死んだエルクやバイソンの死骸を食べる姿をフィルムに収めようと特殊撮影機材も用いた。ダグラス・ピムロットの手法も取り入れ、せめて声だけでも聞こえないかとテープに録音した遠吠えを流した。一度だけ、オオカミが反応するのが聞こえたと思った。しかしオオカミと出くわすことはまったくなかった。

一年にわたる集中的な野外調査の結果、ウィーバーは、イエローストーン公園内に存続しているオオカミ個体群はないとの確信を得た。それだけでなく、公園内でオオカミ駆除をしなくなってからの五〇年の間に、繁殖がおこなわれた明確な証拠も見つからなかった。その彼でさえも、アルストン・チェイス記者が提示した陰謀説を完全に捨て去ることはしなかった。「公園とは関係のない個人が、飼育下のオオカミをこっそり放した可能性を完全に無視することはできない」と報告書の中でウィーバーは述べた。しかし、たとえ放されたとしても、もうオオカミはいなかった。

一九七八年の彼の報告書『イエローストーンのオオカミ』は簡潔な提案で締めくくられている。「イエローストーンにオオカミを導入することにより、本来の捕食動物を復活させることを推奨する」

一般大衆がオオカミについて知り、許容する度合いが格段に高まっていたにもかかわらず、オオカミ再導入が現実のものとなるまで、自然保護関係者たちはなおも険しい戦いの道を歩むことになる。もちろん当時、その苦闘がどんなに長く辛いものになるか誰も知らなかった。知らなかったのが、かえって良かったのかもしれない。

5 伝説ふたたび

「熊足」と名づけられたオオカミは、熟練の罠猟師《トラッパー》を混乱させ、牧場主をおびえさせながら、一年近くも放浪しつつ南下してきた。彼はいちばん良い家畜だけを殺し、跡も残さずに消えた。四本足のフーディーニ〔脱出王と異名をとったアメリカで最も有名な奇術師〕は過去に経験したあらゆる種類の危険を跳んで避け、罠にかけようとしても、一〇〇メートルも離れたところからかぎつけて努力をムダにした。どんなに注意して罠を隠しても、彼の前では太陽の光を受けた鏡同然、お見通しだった。犬が消火栓におしっこをする時のように、彼は馬鹿にして罠に足を持ち上げてみせた。そんなうわさが流れていた。

これは一九一五年の話ではない。一九八〇年代後半、モンタナ州の中央北部に五〇年ぶりに戻ったオオカミのことだ。一九八〇年一二月から一九八一年一二月までの間、彼のしわざと申し立てられた家畜被害が広がるにつれて、伝説は大きくなっていった。野生動物管理官はどんな被害も決してオオカミによるものと認めようとしなかったが、それでもオオカミの恐怖が世の中をおおった時期には、当歳の子牛一一頭、雄牛一頭、雌牛二五頭、子馬二頭、子羊一六頭、雌羊九頭、雄羊一頭、さらに誰かの感謝祭の七面鳥までが、オオカミにやられたのだと、地元の牧場主や獣害対策本部（連邦魚類野生生物局の一部門、後に農務省に吸収された）の職員は信じた。

これは、ようやく育ってきたオオカミ復活の努力を無にしかねないことだった。「熊足」には連邦魚類野生生物局も驚いた。グレイシャー公園ではオオカミ目撃情報が報告されていたが、家畜でいっぱいのモンタナの平原にオオカミがいられるとは誰も考えていなかった。州の役所は家畜殺しのオオカミを取り扱う指針をもっていなかったし、オオカミを捕らえる熟練のスタッフもいなかった。

当初、連邦魚類野生生物局は「熊足」を殺すことは望んでいなかった。何といっても彼は並外れて稀有な大発見だった。生物学者の中には、消えて久しいクロアシイタチを見つけたときのように興奮している者もいた。当局は獣害対策本部に、このオオカミを殺さずにつかまえて、グレイシャー公園に放すことを望んでいると伝えた。

だが、その望みはすぐにしぼんでしまった。動物を殺すのが仕事の獣害対策本部には、動物を生きたまま捕らえるような才覚は望めなかった。何ヵ月かが過ぎ、家畜の被害情報は急速に広がった。モンタナ州中央部で死んだどの動物もおそらく、悪名高き「熊足」の犠牲者だ――長い間眠っていたオオカミヒステリーが突然甦り、噴き上がってきた。

連邦魚類野生生物局はなすすべがなかった。オオカミを救いたいと思いはしたが、あらゆる方面からオオカミを殺すようプレッシャーを受けていた。一万八〇〇〇ドル以上の価値のある家畜を殺したとされる動物を他に移そうとしても、もはやどうしようもなかった。大量殺人のチャールズ・マンソンを刑務所から脱獄させるほうがたやすかっただろう。

残された解決策は「熊足」を殺すことだったが、職員はオオカミを殺すことが法に触れると懸念していた。絶滅危惧種法（ＥＳＡ）は一定の条件下では絶滅危惧種を殺すことを認めているが、今回のケースはそれに当てはまらないと連邦魚類野生生物局は考えていた。

そこで当局は別の方法をとろうとした。モンタナ州中央部の獣害対策本部で地区監督官をつとめていたジム・フーバーは、一般に公開するつもりのない内部メモでそれについて書き残していた。そこには、連邦魚類野生生物局の絶滅危惧種担当職員と法の執行機関が、獣害対策本部に対して「オオカミを殺して騒ぎを鎮めろ」と促したことが記されている。ワシントンＤＣから来た魚類野生生物局の人たちが「オオカミを殺し、麻酔の分量が多すぎて死んだことにしよう」と示唆したとも書いている。

フーバーはその二つのどちらも実行しなかった。獣害対策本部はすでに《度を越した動物殺し》と悪評が立っていた。フーバーと直属の上司は、別組織のダーティワークでその悪評をさらに上塗りする気はなかった。そんなのはお断りだ。その場は物別れに終わった。

連邦魚類野生生物局はまた方針を変えた。大した証拠もなしに、「熊足」は実はオオカミと犬の交雑だと宣言したのだ。そういう動物は法律では保護されない。「熊足」は、「熊足イヌ」になった。こんな裏事情を隠して、魚類野生生物局は公式に、獣害対策本部にその動物を駆除するよう命じた。獣害対策本部は生きたまま捕獲する方向で模索していた。意図的な殺害を事故と称して隠すようなことを躊躇していたのだ。しかし、ひとたび魚類野生生物局が駆除命令を出せば「気をつけー、進め！」である。まさに次の日、一九八一年一二月三〇日、獣害対策本部の依頼を受けた担当者が小さな飛行機で飛んでいるときに「熊足」を見つけた。伝説は二四キロも追跡され、一二ゲージのショットガン［口径の大きい散弾銃］から鹿撃ち用の重い弾丸を撃ち込まれて忘却のかなたに吹き飛ばされた。

一ヵ月もたたないうちに、モンタナ州ボーズマン市にある州の魚類野生生物公園部の研究所《ラボ》は、連邦当局がすでに知っていることを確認した。「熊足」はオオカミであり交雑種ではなかった。その後、台座に載った「熊足」の遺体はガラスケースに入れられてヘレナ市の対策本部にもう何年も置かれている。

連邦魚類野生生物局と獣害対策本部は、この事件の一連の経緯をめぐって非難の応酬をした。フーバーは彼の上司あての手紙の中で不満を述べた。「いずれオオカミを担当することになると思われる人々に責任能力、あるいは責任を負う権限のないことが、将来においてオオカミ再導入の検討を難しいものにするだろうと思えてなりません」。もし連邦魚類野生生物局が、牛を捕食したオオカミを駆除するための筋の通った計画を作らないなら、獣害対策本部とその協力者である畜産業界はオオカミ再導入に大反対するだろうことがこれではっきりした。

「熊足」がモンタナ中央部を恐怖におとしいれていたちょうどその頃、北部ロッキー山地では、現地のオオカミ復活チームが初めての復活計画を完成させた。連邦魚類野生生物局は一九七五年に復活チームを招集し、絶滅危惧種法で概略が示されていた《種の復活》という命令を実現するべく準備を始めた。この復活チームは合衆国西部で初の試みであり、州と連邦当局の生物学者、全米オーデュボン協会［一九〇五年に設立された環境保護団体。鳥類画家オーデュボン（三六頁参照）にちなんで名づけられ、会員数は一〇〇万人以上］の代表、それにモンタナ大学の森林学教授ボブ・リームが選ばれていた。ミネソタでデイヴ・ミッチと共に学んだリームだけはオオカミに詳しかったが、他のメンバーにとっては、このチームに参加すること自体がオオカミについての実地研修だった。

復活チームの計画は表面的に検討したものにすぎず、一九八〇年に完成したものは、「どこにオオカミを復活させるのか？」「オオカミの頭数の最終目標は何頭なのか？」「家畜を襲うオオカミは行政がどのように管理するのか？」といった難題には挑んでいなかった。さらに計画は、イエローストーン公園へのオオカミ再導入にも言及していなかった。オオカミ復活の進展を待ち望んでいた保護団体は、この文書にはひどくがっかりさせられた。

イエローストーン公園については、「現在は自律的に維持可能な個体群が生息しない地域」という最大級のあいまいな表現になっていて、そこに復活させる工程表を一九八七年までに提出するという生ぬるい計画だった。これでは、最も読解力にすぐれ、よほど楽観的な人でも、行間をいろいろと斟酌しなければ、この計画からイエローストーン公園へのオオカミ再導入の考えを読み取ることなどできなかった。

しかも、一九八七年の実現は千年も先の話のようだった。リーダーシップが見られず、知識も足りずで、チームは復活計画を前進させるような状態ではなかった。絶滅危惧種法は連邦当局が責任をもって進めることを決めていた。だが役人にとっては、実際に法の決めたことを実現することに比べれば、分析すると称して時間をつぶすのは簡単なことだった。

オオカミ復活チームがぶらぶらとあてもなく過ごしている一方で、オオカミは自らの足で行動を起こしていた。カナダから国境を越えてモンタナ州に向けて歩き始めていたのだ。

一九七〇年代、カナダ側のブリティッシュコロンビア州グレイシャー公園だけで沢山のオオカミ目撃情報がよせられていた。復活チームの専門家ボブ・リームがモンタナ大学にいた一九七三年に、ウルフ・エコロジー・プロジェクトという調査グループを作って目撃情報を検証していることから、その数は信頼するに足ると思われる。プロジェクトメンバーは情報を調査し、モンタナ州北西部でオオカミ教育プログラムを導入した。リームと彼の学生たちは地元でオオカミが受け入れられるために決定的な役割を演じたのである。ウルフ・エコロジー・プロジェクトは初めのうち、政府からは財政的にも他の意味でも、ほとんど支援を得ていなかった。

一九七九年、ボブ・リームの研究グループは最初のオオカミを捕らえた。カナダ国境から北にほんの一二キロ行ったフラットヘッド川沿いで、メスの成獣を罠で捕らえたのだ。彼らはオオカミに小さな無線発信機をつけた首輪を装着し、すぐに放した。チームメンバーは発信機の周波数に受信機のチューナーを合わせることでオオカミの動きを追跡できるようになった。彼らはすぐに、オオカミの行動圏が国境をまたいでいることを知った。一九八二年までに彼らが追跡していたと思われるオオカミは、配偶者を見つけ、グレイシャー公園に近い国境の北側で一腹八頭の子を産んだ。突然消えたり再び現れたりという変幻自在な行動のおかげで、そのオオカミ家族はマジック群《パック》という名で知られるようになった。彼らの断続的な行動は、合衆国西部で半世紀以上絶えていたオオカミが再び出現したということである。これは記念すべき出来事だった。

この期間に、アイダホ州中央部でもオオカミが再び目撃されるようになった。一九七八年六月、アイダホ州の魚業狩猟部の生物学者が、クリアウォーター国有林で黒いオオカミを撮影した。それから数ヵ月後、さらに二〇〇マイル南のボイシ国有林で誰かがハイイロオオカミを撃ち殺した。これらのオオカミ目撃情報で、オオカミ復活チームが計画を作成しなければならない理由がはっきりした。オオカミ管理の青写真として、どこがオオカミを受け入れるのか、望ましい頭数規模はどのくらいか、家畜を殺したときにはどう扱うのか――こうしたことを誰にでもわかる言葉で正確に書いておくことが絶対に必要になった。オオカミたち自身は、計画があるのかないのか、長いこと留守にしていた生息地を再生するのに忙しかった。

オオカミの復活は非常に議論が分かれることで、復活チームも行動する力がないように見えた。メンバーは、迫ってくるトラックのライトを浴びたシカが立ちすくむように固まっていた。イエローストーン公園にオオカミを放す実行可能なわかりやすい計画どころか、モンタナ州やアイダホ州へのオオカミの再侵入という現実にさえ対応できていなかった。

これが、一九七九年にウェイン・ブルースターが連邦魚類野生生物局のモンタナ、ワイオミング絶滅危惧種プログラム監督官として雇われ、赴任したときの状況である。彼は野生生物学の教育と兵士の規律をもってモンタナ州ビリングス市にある局のオフィスにやってきた。野生生物の学位を得た後、陸軍砲兵隊の将校として、ベトナムでの戦闘任務も含めて三年間勤務してきたのだ。彼は組織化と計画立案に長け、戦術と戦略を楽しむ人物だった。

彼はオオカミ復活チームには強いリーダーが必要だとすぐに見抜いた。彼が最初に着手したのは、畜産業界から尊敬されていながら、取り込まれていない人物を探すことだった。カウボーイたちと対峙しつつ思い通りに物事を進められる人物が必要だった。

モンタナ協同組合の野生生物調査部門のリーダーだったバート・オガラが、条件にぴったりだった。彼は一九八一年の初めに復活チームのリーダーになった。短軀ではげ頭のこの男は、精力的で、現実主義者だった。ブルースターによく似て、野生動物学者になる前は軍隊にいて、「やればできる」精神の持ち主だった。彼は捕食者の研究を多く手がけていた。最近では、モンタナ州南西部で子羊を捕食していたイヌワシと、ビタールート渓谷で羊を捕食していたコヨーテの調査を終えたばかりだった。彼の研究が、時には家畜への深刻な被害を明らかにすることがあるので、畜産業界は、彼を真っ正直な人物《ストレートシューター》と見ていた。この比喩はまさに適切である。オガラは、問題のある動物に対して銃の引金を引くのに罪の意識を感じることはなかったし、実際、彼はどんな生き物に対しても撃つことをためらわなかった。彼の狩猟愛好者としての実績は伝説的である。彼の家には博物館よりも多くの動物が山のように飾られていた。

成功するチームには必ず、いろいろなスキルを持ったメンバーが必要なことをブルースターは知っていた。彼は、政府の行政手続きとオオカミの両方に精通している科学者たち、そして当局の代表たちを集めた。おそらく最も重要な追加招集メンバーはジョン・ウィーバーだったろう。彼はワイオミング州出身の生物学者で、一九七〇年代半ばに公園局に雇われてイエローストーン公園のオオカミを調査した人物だ。その当時はティートン隣接国有林で森林局の生物学者として働いていた。

ウィーバーは、情熱とエネルギーをチームに吹き込んだ。彼は自然保護の先駆者アドルフ・ムーリーや、オラウス・ムーリー未亡人のマーディと面識があり、そのことが自然保護への情熱の源になっていた。両ムーリーはワイオミング州ジャクソン市に住んでいたので、ウィーバーはよく訪ねていってはオオカミやコヨーテ、それにムーリーのアラスカでの冒険について語り合った。「ムーリーのような人を知ってしまえば、刺激を受けないわけにいかないんだ」とウィーバーは私に語った。「彼は優秀な野外研究者であるだけでなく、人生を自然保護に捧げた活動家でもあるんだ」

ジョー・ヘレはモンタナ南西部で有力な羊農家の一人で、復活チームにまったく異質なものを持ち込んだ。彼は捕食者を嫌っていた。彼は牙とカギ爪を持つ動物なら何でも詳しかった。自分の農場が、バート・オガラがイヌワシによる被害が多いと記録した地域にあったからだ。彼は数年間にわたって、イヌワシの捕殺を許可する方向に内務長官を動かそうとしていた。彼の羊の放牧地があるグレイブリー山地には、コヨーテやブラックベア〔アメリカクロクマ〕も数多く生息していた。これらの動物は、人間と同じくらいラムチョップをよく味わっていたのだ。

ヘレはモンタナ羊毛生産者組合の捕食者対策委員会の議長を務めており、全米羊毛生産者組合の活動的なメンバーでもあった。彼は西部選出の国会議員のほとんどと電話で直接話ができるらしかった。大学教育を受け、礼儀正しく、必要ならチャーミングに振舞うことすらできた。彼を瞬間湯沸し器のように激昂させるような事柄がひとつあるとすれば、それはオオカミ再導入に関する話題だった。ヘレにとっては、人間への災厄であると知りながらそれを解き放とうとするなど想像もつかないことだった。オオカミの復活は、彼にとっては天然痘の復活に等しいことだった。復活チームの会議の間じゅう、彼の細い首は興奮して赤くなっていた。

「オオカミの時代は終わったのだ」彼は雷を落とした。「オオカミが生息できる生態的地位《ニッチ》はもはやない。かつてオオカミのエサになっていた膨大な野生の有蹄類の群れは、今は家畜に置き換わっているからだ。オオカミはバッファローや恐竜と同じだ。繁栄し、そして消えたのだ」

私は、もしヘレが私と一緒に二月半ばの週末をイエローストーン公園で過ごしたら、考えを変えてくれるかもしれないとよく考えたものだ。冬期の生息地である公園北部は、二万頭のエルクと八〇〇〇頭以上のバイソンが群がり、ぎゅうぎゅうに混み合っている。

ヘレも私も復活チームのメンバーではなかったが、二人とも復活チームの会議のほとんどに出席していた。私は一九七八年にディフェンダーズ・オブ・ワイルドライフで働き始めた。オオカミ復活の問題は、ディフェンダーズの主要な関心事項である《大型肉食獣》と《絶滅危惧種》の二つにぴったり当てはまるものだった。ヘレと私はすぐに論敵になり、家畜以外の獲物がいる証拠を見せるためにイエローストーンへ物見遊山に行きましょうと提案するなど、まったくの論外だった。

ティム・カミンスキーとルネ・アスキンスも常に復活チームの会議に参加し、毎回若者らしい情熱を傾けた。カミンスキーは、ワイオミング大学で生物学の学位を得たばかりで、ミネソタ州のミッチの下でボランティアをやっていた。その経験と、どんなことでもできることをして復活チームを手伝いたいという前向きな姿勢とが結びついて、彼をチームの重要な一員にしていた。アスキンスはミシガン州カラマズー大学を出たばかりで、ジョン・ウィーバーの下でボランティアをするためにワイオミング州に引っ越してきた。彼女は、学部の最高学年時のプロジェクトの一つとしてインディアナで飼育されていたオオカミの群れを研究している間に、オオカミに夢中になった。詩を暗誦したり、バリー・ロペスの著作『オオカミと人間』を自在に引用することができた。これにはヘレも出る幕がなかった。アスキンスの優れたメディアスキルを認めたウィーバーは、社会に向けて復活計画を説明するスライドショーを開発する仕事を彼女に与えた。やがてカミンスキーとアスキンスは、イエローストーン公園へのオオカミ復活に重要な役割を果たすようになっていった。

バート・オガラのリーダーシップとジョン・ウィーバーのエネルギーに支えられて、新しい復活チームは前進した。まず、州と連邦政府がオオカミを復活させる場所を決めることから始めた。復活地域は広くて比較的家畜がいない、公有地の割合が高い場所がよいだろうということで、チーム内は一致した。三地点が浮上した。モンタナ州北西部のグレイシャー公園とボブ・マーシャル原生地域、アイダホ州中央部でフランクチャーチリバー・オブ・ノーリターン原生地域とセルウェイ・ビタールート原生地域、そしてイエローストーン公園地域である。

次に、復活チームはオオカミ復活を進めるこの三つの地域で、連邦当局がどんな役割を担うかを決めようとした。かつて同じ地域におけるグリズリーの管理で議論になっていたから、仕事の割り振りは慎重であるべきだった。にもかかわらずウィーバーが音頭をとり、復活チームメンバーと会議によく出席していた人たちで、オオカミ管理のガイドラインの検討用草案を書いてしまった。ジョー・ヘレと私は一九八二年五月に、そのコピーを受け取った。

ヘレはその文書を見直すような無駄な時間の使い方はしなかった。代わりに、西部の混み合った映画館で待たされた時に「火事だ！」と叫ぶのと同じことをした。彼はコピー機に駆け寄って「オオカミだ！」と叫んだのだ。彼はその計画の草案をコピーし、彼自身の人騒がせな解説を添えて州代表の国会議員と、モンタナ、アイダホ、ワイオミングの各州知事に送った。彼の解説によると、連邦当局は林業、鉱業、そして公有地での放牧を抑制しようとしている——すべてはオオカミを利するために。西部の政治家たちは初めてオオカミ復活に厳しく出た。オガラを電話で責め立て、怒りの手紙攻勢で文書を山のように送りつけ、オオカミ復活派をどなりつけた。アイダホ州選出の上院議員スティーヴ・サイムスは、情報公開法によって復活チームの文書を公開せよとまで要求した。彼は、復活チームがオオカミ復活運動と癒着しているかどうかを知ろうとし、公開を強制されない限り、メンバーはそうした関係を白状しないだろうと疑いをかけた。サイムスのメッセージは明らかだった。「これは戦争だ」

一方でアイダホ州選出の下院議員ラリー・クレイグは、オオカミ支持者が嫌がって身をよじらせることと必至の計画を練っていた。彼はボイシ市とグランビル市という、アイダホ州中央部で最もオオカミを嫌っている街で、オオカミに関する公聴会を行う計画を発表した。私はグランビル市での公聴会に参加した。二〇〇人の市民が参加したが、証言者の中でバート・オガラと私だけがオオカミ支持側だった。地元小学校の校長が、嘆願するような口調でクレイグ議員に、オオカミ復活を今すぐやめるよう訴えた。彼は通学バスの停留所が子どもの家から離れたところにあり、子どもたちがオオカミのエサになってしまうかも知れないと述べた。

実のところ、野生のオオカミが人間への深刻な傷害事件を起こしたと確認できる例は北米のどこにもない。地元の指導的立場の人がこうしたひどく誤った情報を流すということは、これから自然保護団体がやらなければならない《この動物についての社会への教育》という仕事がどれほど多いかを示していた。

私はこの公聴会で自分が何を話したか覚えていない。私の話はブーイングやシーッという野次でたびたび中断された。もちろんこの聴衆たちは、私が「ゲティスバーグ演説」のような演説をしたとしても怒って非難したことだろう。もしこれがクレイグ議員の警告の一撃だとしたら、確かに彼の警告は私を目覚めさせた。オオカミを本来いるべき場所に復活させたいという私の願望を、クレイグは打ち砕こうとしたが、彼がグランビル市で歓迎してくれたおかげで、私はオオカミ支持派が、絶滅危惧種の政治的・社会的形勢にもっと注意を払う必要があるということをはっきり知ることができた。クレイグ議員は、大学時代の恩師レス・ペンゲリーがバイオポリティクスと呼んだ、その時の講義を思い出させてくれた。

ラリー・クレイグ議員が公開オオカミ非難大会を開催していたちょうどその頃、他の国会議員は、アイダホ州中央部とイエローストーン公園へのオオカミ再導入に大きく影響する、絶滅危惧種法の修正を提案しようと働いていた。

ラリー・クレイグやスティーヴ・サイムスと違って、他の多くの国会議員は、この絶滅危惧種法が、危険にさらされている動物を復活させるには十分ではないと考えていた。そして事実、保護団体も、これといって示すことができる成功例をたくさんもっていたわけではなかった。重大な再導入の努力は、地元の激しい抵抗を前に棚上げされていた。野生生物支持派と目されていた政治家は、北部ロッキーのハイイロオオカミや合衆国南西部のアカオオカミの再導入の努力における重要な点は地元の抵抗だと言っては、議論を引きのばすためにこの問題をしばしば持ち出した。立法議員は、人々が動物そのものを怖れるというよりも、自らの利益に反しながら変えることができない法律の方を怖れているのだと気づいた。ジョー・ヘレが「オオカミだ！」とわめきちらしたことをきけば、確かにその批評が正しいことがわかる。

現実主義的な立法議員と保護団体は、新しいアプローチを提案した。もし絶滅危惧種法の不要な部分を議会が認めて、当局が復活計画を地元固有のニーズに合わせられるなら、絶滅危惧種の復活に影響を受ける人たちも、もっと協力的になってくれるかもしれないと考えたのだ。議会は《実験個体群》という条項を考案し、絶滅危惧種の再導入プログラムを作るうえで政府当局にかなりの柔軟性をもたせる工夫をした。この条項の縛りは、「すべての計画が種の復活という結果に結びつかなければならない」という点のみだった。一九八二年、議会は絶滅危惧種法にこの指針を反映させる修正を行った。

絶滅危惧種法の修正に実験個体群という条項を入れたことが重要なのだ、とその時点で理解した人たちはほとんどいなかった。だがこれにより、数年のうちにノースカロライナ州のアカオオカミの復活は現実のものとなった。やがて、イエローストーン公園とアイダホ州中央部のハイイロオオカミの復活においても、この条項が行きづまりを打開することになる。

6 教えて、オオカミ博士

不安な思いを助手席に乗せて、私は車をアイダホ州セント・アンソニー市の小学校校舎前にある駐車場に滑り込ませた。イエローストーン公園へのオオカミ再導入について牧場主たちと話し合うため、私が場を設定したのだった。牧場主たちは、イエローストーン公園と境界を接するアイダホ州南東部の公有地に家畜を放牧する権利をもっていた。その日は一九八四年だったが、それまで七年のあいだ、私は同じ状況の多くの牧場主たちと、捕食者駆除の問題やグリズリーの管理についてずっと議論してきていた。

あたかも団体御一行様をバーベキューに招待したかのように、私は自分で導火線に火をつけることになるのだと承知していた。なぜそんな無鉄砲な事をしたのか。理由はふたつあった。ひとつは、もし牧場主がイエローストーン公園へのオオカミ復活計画とその基本原理を両方とも理解してくれたら、彼らの恐れはいくらかでも鎮まるだろうということ。もうひとつは、問題解決の第一歩は反対者の声に注意深く耳を傾けることだと、私が常に信じているからだった。彼らが何を懸念しているのか理解する必要があった、それでこそ彼らに向けて話ができる。イエローストーン公園にオオカミを復活させることに牧場主一〇〇人が一〇〇人いっぺんに同意してくれるとはとても思えなかったので、私はできるかぎり多くの牧場主と話そうと決めていた。

集会の設定は簡単だった。森林局に電話をかけて、公園から八〇キロ以内の公有地に放牧権を持つすべての畜産農家の住所を手に入れ、一人一人に手紙を送った。集会は、モンタナ州リビングストン、ワイオミング州コディ、そしてアイダホ州セント・アンソニーの三都市に設定した。これは、その最初の集会だった。

出席しているのがどんな人々か知らないまま、私は小学校に足を踏み入れた。カウボーイハットをかぶった一五人から二〇人くらいの男たちが私を待ち構えていた。こんなにたくさん来てくれたことには嬉しさを感じた反面、その人数にひるんだ。張りつめた空気だった。

その中にオシュコシュ［有名な自然派の服飾メーカー］のオーバーオールを着た男がいた。長年風雨に晒された、一目見ただけでそうと分かる古いタイプの羊農家だった。ガラガラヘビと素手で戦ったらしい咬み跡が腕に三箇所ある、そんな風貌の男だ。

私が口上を述べようとしたまさにそのとき、年老いたその男は立ち上がり、あざけるような不信の目で睨みつけ、怒鳴った。「ハンク・フィッシャー！　なんだい、まだ誰もお前さんを殺してなかったってわけかい」。こちら側が敵役であるとするこの宣言に、他の連中もわーわーと声を上げた。それから、私たちは本題に入った。

大方の牧場主たちは、とげとげしい論争になりがちなグリズリー管理の議論に基づいてオオカミのことを考えていた。そのため私は、オオカミがグリズリーとはどう違うかの説明から始めた。「第一に、オオカミは人を襲いません」と私は言った。北米大陸全体で、統計上、人が野生のオオカミに深刻な傷を負わされた事例は皆無に等しいことを披露した。「これは何を意味するかというと、私たちはクマと遭遇しないように行動に制約を受けますが、オオカミについてはそうした制約は必要ないということです」と私は彼らに伝えた。「第二に、オオカミは人間の食べ物には誘引されません。オオカミは人間を恐れているので、キャンプを楽しむ人たちを邪魔したり残飯にありついたりしないのです。第三に、オオカミはグリズリーよりも繁殖率が高く、個体群全体に対する個々のオオカミの重要性は、グリズリーほどは高くありません。この違いが何を意味するかというと、家畜を襲うような個体は駆除が許される余地があるということです」

私がほんのちょっと牛の問題に言及しただけで、部屋中がざわついた。牧場主の一人が「オオカミってのはコヨーテのでかくて強くて攻撃的なやつだからよう、家畜を皆殺しにされちまうよ」と言った。私は即座に応じた。「ミネソタ州の毎年の家畜の損失割合は、実質的には一パーセントほどにすぎません」

「ミネソタは参考にならんね」と彼らは言い張った。「ミネソタの牧場は西部《ここ》よりちっさくて、家畜にも目が行き届くからな」。私は、カナダのアルバータ州（畜産業の実情がアイダホ州・モンタナ州・ワイオミング州ときわめて似ている）における家畜の損失割合の研究からも、ミネソタ州とほぼ変わらないことがわかっていると反論した。

私は真実を知りつくしていたが、彼らの信念を覆すことはできなかった。

質問はさらに手厳しくなった。牧場主の一人が立ち上がり、力を込めて語りだした。「オオカミ好きになるってのは気楽なもんだよ」と彼は言った。「何も金がかからないからな。オオカミが戻ったことのツケを払うのは、結局俺たち牧場主だ。あんたらのオオカミが俺の家畜を殺したら、誰かその金を払ってくれるのか?」私は、ミネソタ州ではオオカミによると立証された損失については、州政府が被害を受けた牧場主に補償していること、イエローストーン地域にも同じような仕組みを展開したいと考えていることを説明した。彼は鼻で笑った。「展開したい、か。はじめはいいこと言っといて、後でこんなはずじゃなかったってやつだな」

別の牧場主は、自分の家畜を殺しているオオカミを発見したら撃っていいのか教えてくれと要求した。吹き出してきた汗で額がチリチリした。私は正直になることにした。「その人自身の身に危険が及んでいるのでなければ、民間人が絶滅危惧種法のリストに含まれている種を殺すことは許可されません」。私は彼に言った。「議論の余地はないのです、なぜならオオカミは人間に対して危険ではないからです。もしオオカミがあなたの家畜を襲ったら、連邦政府か州の役人が来て、オオカミを殺すか、捕獲して移動させることで対処します」

牧場主たちはいっせいに不満の声をあげた。一人が言った。「つまり何かぁ? もしツートップの公有地で自分の羊といる時にオオカミが母羊をやっつけはじめたら、俺は馬に乗って二日かけて政府のお役人さんを呼びに行かなくちゃならないってことかい。その誰かさんは十中八九、そこからさらに三日もかけて来ちゃくれないだろう。ましてや、それが週末だったらどうなるんだ」。それに対する最善の答弁として、私は「オオカミが初めての場所で家畜を殺す見込みはきわめて低いです」と応じたが、ふさわしい答えではなかったと分かった。「たまたまその場にあなたが居合わせるなんて、もっとありえないですよ」。さらに不満の声。

オーバーオールを着た年配の羊農家が話の方向を変えたため、私の反論は空振りに終わった。「ひとつ、理解してもらわなくては」と彼は言った。「我々が本当に心配しているのはオオカミではないのだ。必要だと言われれば、それは何とかできるだろう。気がかりなのは、オオカミに賛成したら自分たちの仕事にどんな支障があるのかということなんだ」

これは一筋縄ではいかない問いで、完全な答えをまだ見いだせていなかった。私はその時点でできる限りの回答をした。「オオカミにとって大事なのは、主に、エサになるシカやエルクが十分にいることと、人がオオカミを見つけしだい撃ったりしないことです。野生動物に何もしないでくれれば、西部のビジネスはうまくいきますよ」と私は言った。「問題はシカやエルクです。それらの個体数は今とても多い――たぶんルイスとクラークがやってきた時代よりも。私たちは、行動に新しい制約を受ける必要はないんです」。この話も特効薬にはならず、彼らはちっとも安心しなかった。

集会の終了時間がきた。私は打ちのめされた気分だった。最後に、お決まりの質問をした。「どなたでも、他に質問はありませんか」

後方にいた年配の男が手を挙げた。「ああ。聞きたいことがある」と彼は言った。「とにかく、その汚らしいケダモノを撃つのにいちばんいい銃は何口径なんだ?」

集会の後、何人かの牧場主が私の訪問に礼を言ってくれた。一人が感想を述べた。「君の話は洗練されていたとは言えないかもしれないが、我々と話をしようと来てくれた勇気は評価するよ」。そのうちの何人かが、我々はまた話をするべきだろうと言ってくれたので、少し前進だと思うことにした。

牧場主たちは何も得るものがなかったかもしれないが、私はたっぷり学んだ。最大の収穫は、人を説得するためには、彼らの疑問にもっと適切に答えなければならないということだ。また、問題に対して単なるオオカミ支持派ではいけないということ。私が出会ったなかで、このような敵対的な群衆に効果的に対処できる唯一の人物はデイヴ・ミッチだった。

私が最初に彼と会ったのは、アイダホ州のボイシ市であったオオカミ復活チームの会議でのことだった。彼はそこで、ミネソタ州におけるオオカミ管理について講演したのだ。彼の正式な講演は堅いものだったが、聴衆からの質問への彼の対応は本当に素晴らしかった。会議に招かれた数人の牧場主が彼に敵意ある質問をぶつけた。彼はつねに、直接的で具体的な回答を与えた。科学と現実主義を織り交ぜた彼のやり方は非の打ち所がなかった。彼こそ、私が学ぶ必要のある人物だった。

ミッチは濃い髭と薄い頭の中年男性で、鋭いまなざしとアーチ状の眉は仕事の中身を見事に表わす、とって喰われそうな外見だ。服装は実用性のためで、見栄えは二の次だった。だが、着飾ることに無頓着だからといって、彼が洗練されていないと考えるのは間違いだ。

私は彼が、親しみやすくて勿体ぶったところがまったくなく、喜んでいろいろ教えてくれる人物であることを知った。さながら大学出たてのような熱意で仕事に向かい、科学に夢中になっている彼の興奮は人々に伝染した。頭の回転も速い。好奇心のかたまりだ。「私の父は小学校しか出ていない労働者だった」とかつて彼は私に話したことがある。「だが父は自然界に対して、まったくもって信じがたいほどの探求心を持っていたんだ」

おそらく、物事に対する気取りのない現実主義的な姿勢は、労働者階級だった父親からミッチの中に受け継がれたもので、それゆえにミッチは、科学者に向かい合うのと同じように牧場主たちとも気安く言葉を交わせるのだろう。彼は自分の仕事を――世界中を飛び回るフィールドワークは特にそうだが――楽しいものだと考えており、自分が仕事中毒《ワーカホリック》だと認めている。

ミッチは個人としての自分の見解をなかなか明かさない人だ。他の科学者と同様、彼はきわめて客観的な感覚で物事をとらえる。私はときどきじれったくなって彼にたずねる。「それで、あなた自身はどう感じるんです?」彼は映画『スタートレック』のミスター・スポックのように答える。「それは問題ではない」

重大な争点についての立場を明らかにするのに消極的だ、ということではない。科学者たるものそうすべきだと考えているからだった。もし倫理的な見地を入れた発言が多くなりすぎれば、科学者としての信用に支障が生じるかもしれないし、自分の高い肩書ゆえに、下した決断が必要以上の重みをもってしまうことを恐れている。

三〇年以上にわたるオオカミ研究の経験と実績ゆえに、もしデイヴ・ミッチが発言すれば科学界は耳を傾ける。名高いロイヤル島のオオカミ研究の最初の研究者の一員であることに加えて、彼はオオカミと獲物動物との関係を二〇年以上もミネソタ州で研究してきた。一九七〇年の彼の本『オオカミ』は、オオカミの生物学書の決定版だ。彼はアラスカ州のデナリ公園（アドルフ・ムーリーがマッキンリー山のオオカミを研究した）でも、カナダ北極圏のエルズミア島でも、オオカミの調査を始めた。ナショナル・ジオグラフィック協会のテレビの特集番組に登場し、名誉ある世界自然保護連合（ＩＵＣＮ）のオオカミ専門家会議の座長をつとめている。この組織は、かつてはＩＵＣＮＮＲと呼ばれていた。他にその地位にあった人は、カナダのオオカミ研究の専門家、故ダグラス・ピムロットだけだった。

すぐに私は、ミッチが書物にまとめたよりもはるかに多くのことを知っていると気づいた。知識の広さに気づくには二、三時間一緒にいるだけで十分だった。

私はオオカミについての事実や、彼の洞察をしつこく尋ねた――イエローストーン公園にオオカミを受け入れさせるのに役立つことなら、どんなことでも知りたかった。私はまず、ロイヤル島の研究について質問攻めを始めた。科学者がそれまでで最も徹底的に行ったオオカミ調査だ。その研究は人々のオオカミへの理解にどんな影響を与えたのだろうか？

ミッチは研究を、盲人が象を語る話にたとえた。「研究の最初の数年間、私が盲人でロイヤル島が象だった。私は象の一部分を触って結論を導きだした。すると次の学生がやってきて、また三年間ほかの部分を触る。その繰り返しだ。この研究は一九五八年に始まったんだが、研究の最後の五年か一〇年くらいになって初めて、自分たちの研究がそれぞれ象のほんの各部分を見ていたにすぎないのかもしれないと分かってきたんだ。私たちはまだ部分を見ているにすぎない、それでも今はだいぶ完成した姿が見えてきているよ」

一九五五年にロイヤル島で研究を始めたとき、オオカミとムースは平衡状態にあるように見えたと彼は説明した。オオカミの個体数は二〇頭から二五頭ほどからなるひとつの群れで一定していて、ムースの数も安定しているように見えた。彼と他の研究者はこの状況に《自然の平衡《バランス》》というレッテルを貼った。報道機関もその表現を気に入った。この概念は、一九六〇年代においては身近な語句になった。

「だが、大衆がまだ十分に理解しないうちに、ロイヤル島のオオカミと獲物の状況は変化していった」と彼は言った。一九七〇年代を通してオオカミ個体数は増大してゆき、三群に分裂し、一時期は全部で五〇頭近くになった。そしてオオカミ個体群は崩壊的減少《クラッシュ》をおこした。そして一九八〇年代後半には、オオカミがロイヤル島から姿を消してしまうかもしれないと研究者たちが心配するほど、生息数が少なくなった。現在オオカミの数は再び増え始め、二〇頭弱の水準にある。［この後オオカミはふたたび減少に転じ、二〇一三年から一四年にかけての冬には、島に残っていた唯一と思われるメスが結氷した湖を渡って島外に出て、人間に殺されてしまった。そのため、残るオオカミの絶滅回避のため再導入をするか、このまま推移を見守るか公園局が検討中だ。二〇一五年二月にも再び結氷し、オオカミの移動が確認されている］

この動向は何を意味しているか。ミッチはこう解説する。研究の初期の数年間、ムースの数はしだいに増加していて、ついにはほぼ二倍になった。だがオオカミの数は安定したままだった。少なくともロイヤル島では、獲物動物の数が捕食者による抑制を脱することができたのは明らかだった。オオカミは、その数が最大の時でも、ムース個体数の増大を制限することはなかった。

ミッチによれば、決定的な出来事は、ムースが捕食に対して脆弱になる厳しい冬の連続だった。

オオカミはその機を逃さなかった。ムースをたくさん殺し、ときには部分的に食べただけの死骸を残してまた殺した。オオカミ個体数は急増した。

私は、オオカミは弱ったり病気だったり歳をとったものだけを倒し、獲物の骨や腱まで無駄にしないというおなじみの原則と矛盾しないのか、と尋ねた。

「必要とする分しか獲らないというのが常に真実とは限らない」とミッチは言った。「通常ならオオカミは獲れるものを獲る、だが、ほとんどの場合それは、せいぜい必要が満たせるだけにおわる。これは真実の一部にすぎない。オオカミは殺される理由があるものだけを殺す――これが真実だ。ロイヤル島の状況は、結果的にそれを証明した。厳しい冬が来る前ならムースはオオカミから逃れることができた。厳しい気候がムースを弱らせ、オオカミは優位に立つことができたのだ」

それでは、ロイヤル島から何を学ぶのか。ミッチは言う。「自然のバランスというのは、実際はまったく一定などしていない。狩るものと狩られるものの個体数はつねに波のように変動していて、主として気候に反応して、ときにはものすごく揺れ動く。シカにおきた出来事を見た初期の生物学者は――レオポルドも含めて――カイバブ高原のこの複雑さを理解しそこなっていたんだ」

私は、セント・アンソニーでの牧場主たちとの集会でうまく対処できなかった質問の一つを彼に尋ねた。絶滅が危惧される捕食動物の管理は、絶滅危惧種の蝶の管理とは大いに異なる。蝶は家畜を食べたりしない。絶滅危惧種法という法律に、両種の管理を両立させる柔軟性が求められていることをどう考えたらいいだろう。

「ミネソタ州ではオオカミは、危惧種のリストに含まれている。だが我々はもう何年ものあいだ、もし家畜を殺したと証明されたら、オオカミを殺すということで対処してきたよ」と彼は答えた。「我々は完全に柔軟な管理を行っている。柔軟性は障害になるものではないんだ。もし牧場主がオオカミの家畜被害という問題を抱えているなら、柔軟性があればそれに対処することができる」

当時、ミネソタ州の野生動物管理者は年平均で二五頭以上のオオカミを殺していた（現在その数は一四〇頭から一六〇頭になっている）。ミッチは、この記録は良い情報なのだと言った。もしオオカミと家畜の関係で問題を抱える牧場主がいれば、オオカミは駆除されているという証拠だからだ。

私の所属する団体の主な目的がオオカミを保護することであることを思えば、オオカミを殺すというのは嬉しくない考え方だった。だが、西部の畜産農家のあいだでの悪評を考慮すれば、家畜殺しのオオカミは捕らえられるか殺されることになると牧場主に保証して信用してもらうことは、再導入賛成派にとって重要なことだった。

「イエローストーン地域の牧場主は、問題をおこすオオカミは政府が殺すだろうと言っても完全に安心したわけではありませんでした」と私はミッチに言った。彼らは、自分自身で物事を処理したいようなのだ。牧場主の心配を和らげるためには、状況によっては民間人がオオカミを殺すような法律の方が良いのではないだろうか？

「その方がいい場合もあるかもしれないね」と彼は応じた。「だが、ほとんどの畜産農家は、むしろ誰かにやらせたいだろう。オオカミを追いかけるのは時間と労力が要るから、結局は政府がやる方を望むだろう」。そして、残念ながら、牧場主にオオカミを撃たせることは取締りが難しいことだ。「もし民間人がオオカミを殺すことを許可されたら、彼らがオオカミを殺したとき、それが本当にトラブルのあった場所なのか、それとも何キロも向うでのことなのか知るよしもない。管理するのが困難になるだけだ」と彼は説明した。

では、集会で反対派が毎回指摘する点はどうか。つまり「我々はオオカミを恐れているのではない。賛成したら、伐採や放牧や採掘が制限されると心配しているのだ」という意見について聞いた。私の心を萎えさせるこの不満に応える材料を、ミッチは提供してくれた。「いったんオオカミが定着してしまえば、オオカミを保護するために現在の土地利用を改変する必要はそう多くないだろう」と彼は言った。「イエローストーンのようなところでなら、公園の事業や観光客の利用制限はほとんどしなくても、オオカミは生きていけるさ」

公園の外でも同様なのではないかと彼は付け加えた。「異論はあるかもしれないが、私は少なくともイエローストーンに関しては、もし公園外でオオカミが、多くの道路建設やその他の土地利用でマイナスの影響をこうむったとしても、それにより失われる数を補充するだけの十分なオオカミが公園内に存在するようになると思うよ」

ミネソタ州では、オオカミと共存するために放牧権が制約されることはない。木の伐採に一時的な制約があるくらいだ。森林局が伐採を制限することはめったにないが、そうするのは生物学者が伐採地のすぐそばにオオカミが使用中の巣穴を見つけた時だけ。その場合も、制限は一ヵ月に限られる。

ミッチはまた、少し考えて、「イエローストーン公園のオオカミたちが引き起こす問題は、おそらくミネソタ州のオオカミよりも少ないだろう」と指摘した。彼によると、ミネソタ州の農場や牧場は、ほぼ八〇〇万ヘクタールにあたるオオカミ分布域の全体に散在している。これはオオカミの捕食が最も多くなるような状況だ。

それに対して、約九〇万ヘクタールのイエローストーン国立公園はいくつかの広大な自然地域に隣接している。「そうとも」と彼は言った。「周辺で家畜が放牧されても、イエローストーン公園の大部分と隣接地域では軋轢の可能性は考えられない」と。

「獲物動物がこれほど密集した地域は見たことがない」とミッチは続けた。「なぜ家畜との軋轢がほとんどないと考えられるか。これがベストアンサーのひとつだよ。オオカミが家畜に向かう理由がない」

「でも、ちょっと待ってください」と私は言った。「乳牛は、エルクやシカよりも大きくて、ぼーっとしていて、足も遅い。オオカミは簡単な方を獲るのではありませんか?」

ミッチは、彼自身の調査ではそうではないこと、カナダでの他の生物学者による研究でも同じだということを教えてくれた。「もしオオカミが家畜を獲ることを学習したり、獲物として適当だと認識したりしなければ、彼らは家畜をどう扱ったら良いかわからないようなんだ」と彼は言った。「別の言い方をすれば、オオカミはこれまでずっと獲ってきた獲物を獲る方を好むらしい。今度の場合、まずはエルクだろう」

私はミッチとの会話で、イエローストーン地域の牧場主からくり出される懸念に対応することができると確信がもてた。これは実行可能なのだ。より重要なのは、公園にオオカミを復活させるのは正しいことなのだという直観を、ミッチに裏付けてもらえたことだ。彼は熱意を込めて見通しを語った。

「イエローストーン公園こそ、文字通りオオカミを必要としている場所だ。そこは獲物に満ちあふれている。かつてオオカミはそこにいたし、もともとそこにいたすべての種が回復されるべきだ。生態系が本来の状態へとさらに回復するようにオオカミという要素が戻ってくれば、一般の人々は公園をもっと楽しめるようになるだろう。イエローストーンに欠けている唯一のものがオオカミだ。オオカミなしでは、公園は本当の《自然状態》ではない。同じ世界で共進化してきたはずの捕食動物を欠いた自然領域《ウィルダネス》は、獲物動物にとってさえ、《完全な自然》あるいは《あるべき姿の自然》とはいえないのだ」

7 波をつかむ

デイヴ・ミッチはイエローストーン公園をオオカミがいるべき場所と考えていたかもしれないが、一九八〇年代初め、公園局の上層部はオオカミを復活させて欲しいという要請を誰に対してもまったく出していなかった。

数年で何と変わってしまうことだろう。一九八〇年、アメリカはロナルド・レーガンを大統領に選んだ。公園局を監督する内務長官に、反環境主義のイデオローグ、ジェームズ・ワットを任命したのも、レーガンの政治改革の一環だった。ワットは、彼の風貌に似合ったはっきりした物言いと特徴的なメガネで、無数のマンガに登場することになった。残念なことに、彼の大きな影響力のせいでたくさんの良い計画が葬られてしまった。公園局がすぐにもやるつもりでいたイエローストーン公園へのオオカミ復活もその一つだった。

連邦魚類野生生物局は、上層部のサポートがないにもかかわらず、絶滅危惧種法（ＥＳＡ）が命じているオオカミ復活計画の仕事を続けていた。連邦魚類野生生物局がパブリックコメントに向けて計画を一般へ広報し始めたまさにそのとき、公園局が驚いたことを言い出した。職員の一人が、公園局はオオカミの復活はすぐにはできないと見切っていると明かしたのだ。一九八四年一月、モンタナ州の「リビングストン・エンタープライズ」紙は、イエローストーン公園のチーフ・レンジャー、トーマス・ホブスのインタビューを掲載した。彼はオオカミ復活計画が「明らかに後回し」にされていて、オオカミ再導入の「見通しは暗い」と語った。彼は付け加えた。「オオカミはこの瞬間、優先順位を下げられている。私には、いつ事が回り始めるかという予測さえできない」

ホブスのコメントは、公園局が当然イエローストーンへのオオカミ再導入を支持していると想定していた保護団体にはボディブローのように効いた。何といっても公園局は、イエローストーンにオオカミを再導入する計画を作るチームの一員だったし、その代表者は、ホブスのような感想をもらすことは決してなかったのに。

私は裏切られたように感じ、怒りを覚えた。私はイエローストーン公園の最高責任者ボブ・バービーに、「公園局の新しい立場は、不都合な情報を流したり、法律の命令に背くことなのですか？」という内容の手紙を書いた。「絶滅危惧種法は、連邦の関係当局が都合のよいときだけ、他のプログラムと適合するときだけ、政治的な状況が好転しているときだけ、絶滅危惧種を復活させるようにと指示しているわけではありません」と。この法律は、連邦の関係当局があらゆる手段と手続きを用いて種を絶滅危惧のリストからはずす状態までもっていくことを要求しており、その中には、もし必要とあらば再導入も含まれるということを、思い出してほしかったのだ。そのときの私の環境関係の経験では、法律さえあれば野生動物を守れると思い込んでいた。

自然保護団体は、オオカミの復活が政治的に微妙なものであることに鈍感なわけではない。しかし、最低でも前進はすると期待しているのだと私はバービーに伝えた。「私たちは、計画が今の路線で明確に前進することを求めています。単に私たちは、公園局がオオカミ復活を後回しにしていることが受け入れられないだけなのです」と書き、結びには、この問題についてさらに議論するため、お会いしたいと申し入れた。

数週間後、私はマンモスにあるイエローストーン公園事務所のバービーの部屋にいた。ほとんどの自然保護団体は、大柄で友好的で偉ぶったところのないバービーの人柄に非常に好感をもっていた。彼は面会の最初に、公園にオオカミを放すことに賛成だと明言して私を驚かせた。「しかし、役人が冒険を認めることはめったにないんだ」と彼は言った。そして私に《オオカミの政治のイロハ》を教えてくれた。

彼は、数ヵ月前に行われた下院の公有地及び国立公園小委員会での公聴会の筆記録を私に手渡し、アイダホ州選出の下院議員ラリー・クレイグと、内務副長官で野生動物と国立公園担当のレイ・アーネットとの間のやりとりの部分から何行かを指し示した。アーネットは公園局を監督していた。公園局長のラッセル・ディッケンソンも参加していた。

私はそのレポートを読んだ。クレイグ議員が質問者であり、議題はイエローストーン公園のオオカミ復活だった。「私たちは、再導入はありえないともう何度も議論してきた。なのにこの時間もまた、再導入をするのか、する可能性はあるのかについて議論している。そもそも最初にあなた方が公園をぐるりと囲むフェンスでも作って、彼か彼女かわからんが、私の州アイダホの家畜生産地帯に問題を起こすかもしれないオオカミが出てこないようにしてくれるんなら、イエローストーン公園にハイイロオオカミを再導入しようと何をしようとあなた方にはなんの文句もないんだ。いま話し合っているのはその懸念についてなんだよ」

アーネットとディッケンソンに回答の順番がきた。彼らは忠実な下僕の役割を演じていた。「私たちが作った方針で明らかになっていると思いますが、今の時点でイエローストーンへのオオカミ再導入はありえません」とアーネットは答えた。

ディッケンソンは、クレイグ議員が聞きたいと望むとおりの言葉で調子を合わせた。「ご安心下さい、公園に隣接する地域の人たちと軋轢を生じさせるかもしれないという問題点が克服されていないからこそ、現在進行中の計画はなく、近い将来やりそうな者もおりませんよ」

私が読み終えるのを見計らって、バービーは私に言った。「クレイグ議員のことはそう心配していない。それよりも気になるのは公園局の上司たちやアラン・シンプソン上院議員、ワイオミング州選出のマルコム・ウォーラップ上院議員の方だ。彼らはイエローストーン公園におきていることにもっと大きな影響力をもっているからね」。バービーは、ウォーラップ上院議員と最近交わした会話のことを詳しく話してくれた。イエローストーン公園にオオカミを復活させることについて話題にする人が増えてきていることを、バービーが冷静に説明したときのことだ。その話をしたのは会議がなごやかに進んでいる最中のことだったが、ウォーラップ議員は表情をこわばらせ、バービーの目を覗き込み、こう言った。「おまえはオオカミのオの字も口にするな。オの字を考えることも許さん」

オオカミ復活の政治的な現実について詳しく語ったあと、バービーは率直なアドバイスで私との面会を締めくくった。「イエローストーン公園のオオカミ復活の成功に向けて、保護団体も政府の関係当局も、市民と政治、双方からの支持を築き上げる必要がある。世論の支持が、政治の支持を左右するだろう」

バービーはイエローストーン公園の新しい主任研究員のジョン・ヴァーリーに引き合わせてくれた。彼は迷走している公園の調査プログラムを再活性化するために雇われた人物だった。エルクとグリズリーの管理に奮闘する中で、公園局の科学者たちに対する市民の信用は失われていた。評論家は、公園管理者が重要な決定をするさいに外部の研究者の調査結果を使わず、内部の研究者に頼りすぎるために、方針が偏向してしまうのだと批判していた。

ヴァーリーはもともと水産学の研究者で、固有種を保護することが彼の職業倫理意識の中心を占めていた。在職期間の初めの頃、彼は、深刻な状態にある二つの固有種の魚、グレイリングとカットスロートトラウトを復活させる努力を始めた。じきに彼もまた、オオカミ関連の戦いの重要な味方になっていく。

何年もたった後に、ヴァーリーは私に、彼とボブ・バービーがオオカミ復活を公園の最優先課題とした経緯を教えてくれた。ある日の夜遅く、二人は会議に出席するため公園から数時間のところへ車で行くことになった。暗くなってからの運転は前が見えないし、ハイウェイ近くにはシカは多いし、二人とも好きではなかった。しかしその夜はベアトゥース山地の上に星が輝く素晴らしい夜だったと、ヴァーリーは思い出を語った。ドライブしながら二人は、イエローストーン公園の近い将来の指針はどうあるべきかを熱く議論し始めた。

公園最高責任者であるバービーは、戦略的にものを考える人だった。彼はジョン・ヴァーリーに言った。「私は数年以内にいくつかの課題に絞り込んで取り組もうと思う。そうすることが効果的だからだ。課題は何にするべきかな？」

ヴァーリーは即座にオオカミ復活から話を始めた。バービーは強く反対した。彼らは熱くなって一時間近くも議論した。ヴァーリーの最初の印象では、バービーはオオカミ復活の問題に関しては「心底からと言えるほどの反対」だった。会話は進まなくなり、ヴァーリーはこれ以上続けるのは無意味だと思った。二人は暗闇の中に黙って座り、山の中を風のように車を飛ばした。

突然、バービーはヴァーリーを振り向いて、言った。「オーケー。やろう。そいつをやってみよう」

それがバービーの作戦だったと理解したのは少し後のことだ。「彼は私をテストしたんだ」とヴァーリー。「彼は私がどんな質問にも答えられるかを、試したかったんだ。困難な事態になったとき動揺しないかどうか、私の熱意も推し測りたかったんだ」

私がバービーと面会したときには、ヴァーリーとバービーはすでに、オオカミ復活を最優先にすることを決めていた。しかし「オオカミをやろう」と決めたからといって、バービーが自分の中にある現実的な懸念、つまり復活に対する政治的な障害についての心配を捨て去ることができたわけではなかった。私は、公園側がオオカミの復活にどのくらい前向きなのか確信がもてないまま、バービーの部屋を後にした。その後も私は、彼が勧めてくれた言葉を考え続けていた。「オオカミ支持派は、市民の賛同を集めることにもっと集中した方がいい」。彼の言葉は、保護団体がオオカミ復活計画の細かな点に集中しすぎて、大きな絵が見えていないことに気づかせてくれた。戦略を変える必要があった。

バービーとの面会の後すぐに、私には一つのアイデアが浮かんでいた。私はエール大学教授でディフェンダーズ・オブ・ワイルドライフの役員の一人、ステファン・ケラートに電話した。彼は最近ミネソタ州で、市民のオオカミへの意識について網羅的な調査を終えたばかりだった。「その結果には驚いたね」と彼は話してくれた。オオカミへの支持はミネソタ州中で高く、農村地帯でさえそうだった。農家と牧場主を除けば、どんな階層をとってみても、オオカミ復活に賛成しているという。

そんな話を聞いていたので、私はモンタナ大学の環境研究プログラムの管理者でもあった彼に、イエローストーン公園の来訪者にオオカミへの意識調査をすることに関心がありそうな大学院生はいないか尋ねた。一人いた。大学院生デイヴィッド・マクノートがチャンスに飛びついた。一九八五年秋までに彼はそのテーマで修士論文を書きあげた。この集中的な意識調査では、訪問者の七四%が「公園にオオカミがいることでイエローストーンの体験が向上する」と答えた。六〇%が「もしオオカミが自力でイエローストーンへ戻って来れないなら、私たちが戻してやるべきだ」ということに賛成した。マクノートが公園の訪問者に尋ねた質問への答えはすべて、オオカミ復活を後押しするものだった。これは多くの市民の意見を調べて、オオカミの復活が国民的にも地域的にも支持されていることを初めて証明した調査だった。

市民の支持を確かなものにするもう一つの機会が、バービーとの面会からほどなくやってきた。ミネソタ科学博物館が五年の歳月と一〇〇万ドル近い資金を投入して、超一級の企画展示「オオカミと人間」を作り上げた。全米人文学基金の補助金を受けて作られたこの展示は、オオカミの生態と動物に対する人間の態度を考察するもので、合衆国で展開された自然史の展示の中でも最高のものだと評判だった。

数週間後ワシントンDCに戻る旅の途中、私はその展示を見るためにミネアポリスに立ち寄った。平日だったにもかかわらず、博物館は混み合っていた。熱心な生徒たちの一団が群れをなして歩いていた。大人たちは細かな詳しい説明を理解しようと夢中だった。その展示には、誰もが何かしら得るものがあった。コンピューターゲームはエサを獲るところをシミュレーションし、遠吠え《ハウリング》ブースでは、オオカミの遠吠えを真似させていた（うまく遠吠えをすると返事が返ってくるようになっている）。そして中央には、一〇頭のオオカミが殺したばかりのオジロジカを取り囲む剝製のディスプレイ。一頭一頭、台に載った全身像のオオカミは、支配、服従、食事、遊び、臭いつけ、遠吠えといった行動の標準的な姿勢をとっていた。ディスプレイの周りにあるテレビモニターには、同じ行動をとっている生きたオオカミの映像が映し出されていた。私は感動した。その展示は、オオカミを市民に理解してもらうための完璧な道具だった。理解することは、受け入れるための第一歩だ。

私は博物館の館長に会うことにした。展示は数年かけて全米を回ることになっていると彼は語った。すでに多くの国立博物館や、ワシントンDCのナショナル・ジオグラフィック協会博物館、ニューヨークにあるアメリカ自然史博物館などから、三週間あるいはもう少し長い期間の予約が入っているという。競争は厳しかった。

「オオカミと人間」展の貸出料金は二万五〇〇〇ドル。我々ディフェンダーズ・オブ・ワイルドライフのような中小の自然保護団体にとっては、はっきり言って小さな金額ではない。しかし博物館スタッフが、オオカミ復活を検討中の地域には優先的に展示できるよう配慮すると言ってくれた。確かに高いが、良い投資であるように思われた。ディフェンダーズはイエローストーン公園とアイダホ州ボイシ市での展示を仮予約した。

予約が仮だったのは、公園局が公園内での展示スペース提供にまだ合意していなかったからだ。イエローストーン公園の管理者は、批判的な人々から、公園側がオオカミ復活を推進していると非難されることを怖れていた。さいわいなことに展示はその点には配慮されていて、客観的なものだった。「オオカミと人間」展は説得することより知ってもらうことを重視してデザインされており、観る人に、自分たちはオオカミについてどう感じていて、自分の認識と事実はどう違うのかを考えさせるものだった。好きか嫌いかという認識から人を一歩先へ踏み出させるという点で、この展示は時代の先端を行っていた。

保護団体とオオカミ復活チームのメンバーは、イエローストーン公園内にオオカミ展示ができる場所を探すよう、最高責任者のボブ・バービーに働きかけた。しかし、イエローストーン公園にどんな形であれオオカミを——それが博物館の展示用剝製であっても——持ち込むことは感情を刺激しないではおかなかった。バービーは困り果てたが、最後にはイエスと言わざるをえなくなった。一九八五年六月、「オオカミと人間」展が公園内で始まった。大当たりだった。九月までに二一万五〇〇〇人が来場した。そこには、レーガン政権の新しい内務長官ドナルド・ホデルの姿もあった。

市民の支持を集めることが私たちの最終目標だったが、その展示がもたらした最も重要な変化は、公園局そのものだった。熱心な観客の質問に答え続けた三ヵ月のあいだに、公園局の従業員や管理者は時代の波をつかみ始めた。「オオカミを復活させればいいんじゃない?」

何年もの間、多くの公園レンジャー、自然解説員《インタープリター》、中間管理職たちは、黙ってオオカミ再導入を支持してきた。今や、それを公然と言えるような雰囲気になってきた。公園局のオオカミ復活に対する新しい関わり方は、イエローストーン公園の自然解説員ノーム・ビショップの姿に典型的に表れている。彼は公園の最もひたむきなオオカミ支持派になり、興味ある市民に向けて数百回もトークをし、数千通も情報便りを送付した。

公園局の心の変化はその展示のせいだけとも言い切れない。幸運だったこともその変化に一役買っていたかもしれない。

一九八四年の大統領選でロナルド・レーガンはウォルター・モンデールを退け、二度目の任期を勝ち取った。公園局長のラッセル・ディッケンソンは退任し、保護団体はレーガンがディッケンソンに替えて強硬な反環境主義者を据えるのではないかと身構えていた。だが大統領は、古い友人のウィリアム・ペン・モット・ジュニアを任命した。後から考えれば、モットがイエローストーン公園のオオカミ再導入を、前任者だけでなく彼の後の局長たちと比べても、誰よりも前進させたことになる。彼はレーガンが知事だった時にカリフォルニア州の公園課長だった。自分が任命した人物がどれほど精力的に国立公園を守り、野生動物を保護したか、レーガン自身が知っていたかどうかは、誰にもわからない。

レーガンとモットは多くの点で同質の精神をもっていた。二人とも七〇代半ばで精力的、ものすごく愛想がよく、細かいことを気にしなかった。「好きにならずにいられない人だ」と、ジョン・ヴァーリーはモットについてそう話したことがある。「そのとき彼は七〇代で、長年役所勤めだったのに、まだ純粋な心をもっていた。普通ならそのくらいの年まで政府の役人をしていたら、そんな精神を持ち続けているなんてことはありえないよ」

モットが最初に公園局長としてイエローストーンにやってきたのは一九八五年の初めだった。幹部が訪問する時はいつもするように、イエローストーン公園の担当者は最大限の努力を払った。彼らは公園の課題について周到に報告を用意するのと同じように、公園そのものも新しい上司によく見られたかった。見えないように覆いをかけるものはたくさんあった。研究主任のジョン・ヴァーリーは他の職員とともに、プレゼンテーションの準備に時間をかけた。すべての問題を煮詰めて本質的なものを取り出し、理解を早めるためにたくさんの図表を作成した。彼らは経験上、政治任用者が公園制度をざっと見ていくためのプレゼンテーションは時間を短くするよう求められていることを知っていた。

彼らはモットをイエローストーン湖のほとりにある小さなログキャビンに案内し、エルク、オオカミ、グリズリーと、それらの種の管理が生み出す論争の説明を始めた。討議が始まるやいなやモットはじっとしていられなくなり、椅子から飛び出した。そしてあふれんばかりの熱心さを発揮した。「表やグラフは忘れろ！」モットは公園のエルクとクマ類の管理方針と、オオカミ復活の意義を即座に理解した。そしてすぐに彼が考える解決策を提示した。「問題は生物学ではない、人間だ」と彼は言った。公園局は自分たちのメッセージを市民に向けて発することすらやっていない。彼は大規模な市民教育キャンペーンを提案した。市民に、たとえばなぜオオカミがイエローストーン公園にいるべきなのかといったことを理解させるのだ。

その週のうちにモットはウェストヴァージニア州ハーパースフェリーにある公園局センターから、市民教育の専門家チームをイエローストーン公園に派遣した。彼らの到着は重要なメッセージになった。モットは本気だ。野生動物を復活させることは、ただの空想ではない。

私がモットに初めて会ったのは一九八五年六月、イエローストーン公園での「オオカミと人間」展の特別内覧会でのことだ。展示を見て歩くあいだの彼の興奮は、身振りでよく分かった。急いで回りながら彼は大声で、おなじみの課題となっていく言葉を繰り返した。「もっと市民教育が必要だ。もっと市民にアプローチしなければ！」。彼はその展示が、オオカミ復活を理解してもらうための理想的な方法だと考えた。

その後、私とボブ・バービーはモットと向かい合い、イエローストーン公園へのオオカミ復活について議論した。ルネ・アスキンスとティム・カミンスキーも会議に加わった。アスキンスは、イエローストーン公園にその展示を持ってきた意味を十分に理解していた。ディフェンダーズは、貸し出し費用を賄う補助金の申請書を書いてもらうために彼女を雇用していた。後に公園局は、彼女とカミンスキーを夏の間の展示解説員として働いてくれるよう依頼し、二人はそれを受けた。

モットにとやかく言う必要はなかった。彼はオオカミ復活に賛成であることを隠そうともしなかった。彼の心の中では、オオカミを復活させることはやるべき正しいこと、それだけだった。私がボブ・バービーをちらっと覗き見ると、彼は断崖の上に連れて行かれる人のようだった。モットは冒険主義の危険には無頓着のようだったが、いつも現実的なバービーは、畜産業界や関係する議員から手に負えないような反対意見があることを指摘して、モットを現実に連れ戻そうと試みた。バービーも、イエローストーン公園にオオカミが復活することを望んではいたが、困難が待ち受けているという現実も知っていた。

モットは決して手を緩めなかった。むしろ力をこめて、なすべき最善を尽くした。彼はいくつかのアドバイスをくれた。それはその場の思いつきのようだったが、私がそれまで誰からも聞いたことのない、《オオカミの知恵》のような、最も先見性のあるアドバイスだった。彼は言った。「保護団体がイエローストーン公園のオオカミ復活を進めるために、自分たちでできる最も重要なことがある。オオカミの被害を受けた牧場主に補償する基金を作らなければならないってことだ」。彼らがオオカミを憎む原因は経済だ、とモットは説明を加えた。被害を受けた牧場主に家畜の補償をしろ、そうすれば議論はおさまっていくだろう。

モットの熱気は伝染した。私は興奮して会議を後にした。気持ちは走り始めていた。ひとたびオオカミ復活計画が完成すれば――おそらく来年にはできるだろう――公園局は、連邦法の下で要求される次のステップに進むことになる。そうすれば、オオカミ再導入のためのさまざまな選択肢が設計された環境影響評価書の準備が始まる。私は、それにはもう一年かかると計算した。すると二、三年以内にはイエローストーン公園にオオカミを放せるぞ。

だが、私の友人はそれ以降いつも言うようになった。「お前は少し楽観的すぎる」

——オオカミが復活するまで——

捕獲したオオカミをイエローストーンに放そうという試みに先立って何年もいざこざが続いた。誰もがオオカミの帰還に賛成していたわけではなかった。「オオカミが起こすトラブル、誰が弁償してくれるの?」「オオカミの復活は今すぐ中止」「制御不能」「オオカミの本性は殺し屋」。(連邦魚類野生生物局)

カナダ、アルバータ州ヒントン近くのオオカミ捕獲地域。多くの人が想像するような、ごつごつした山岳地形ではない。(連邦魚類野生生物局)

生物学者がヘリコプターから麻酔銃でオオカミを撃つ。（ルーレイ・パーカー / ワイオミング州狩猟漁業部）

麻酔がかかったオオカミのそばにヘリコプターが着陸し、この個体をベースキャンプに運ぶ。（ルーレイ・パーカー / ワイオミング州狩猟漁業部）

生物学者が、目隠しと口輪をしたオオカミに、慎重に電波発信機を装着する。（ルーレイ・パーカー / ワイオミング州狩猟漁業部）

ベースキャンプに移送するメス 2 頭のうち 1 頭の脈拍をチェックする生物学者。（AP 通信 / レイシー・アトキンス）

移送許可のまえに、生物学者がオオカミから慎重に血液サンプルを採取し、ワクチンを打ち、体重を測り、体調を総合的にチェックする。（ルーレイ・パーカー / ワイオミング州狩猟魚業部）

徹底的な身体検査を受けた後、移送用の小さなコンテナに入れられたオオカミ。
（AP 通信 / レイシー・アトキンス）

長時間のフライトと、馬用を改造したトレーラーでのドライブを経て、オオカミはイエローストーン国立公園の北の玄関口セオドア・ルーズベルト・アーチをくぐる。象徴的な儀式だった。（国立公園局）

仮の囲い地までオオカミを移送する。（国立公園局）

魚類野生生物局長モリー・ビーティ（中央）、内務長官ブルース・バビット（右端）、イエローストーン国立公園最高責任者マイク・フィンリー（右後）も加わって、オオカミを囲い地まで運ぶ。（国立公園局）

オオカミたちが新しい環境を調べあげているが、ここは仮の住まいだ。（国立公園局）

車にはねられて死んだシカをオオカミに与える生物学者たち。（国立公園局）

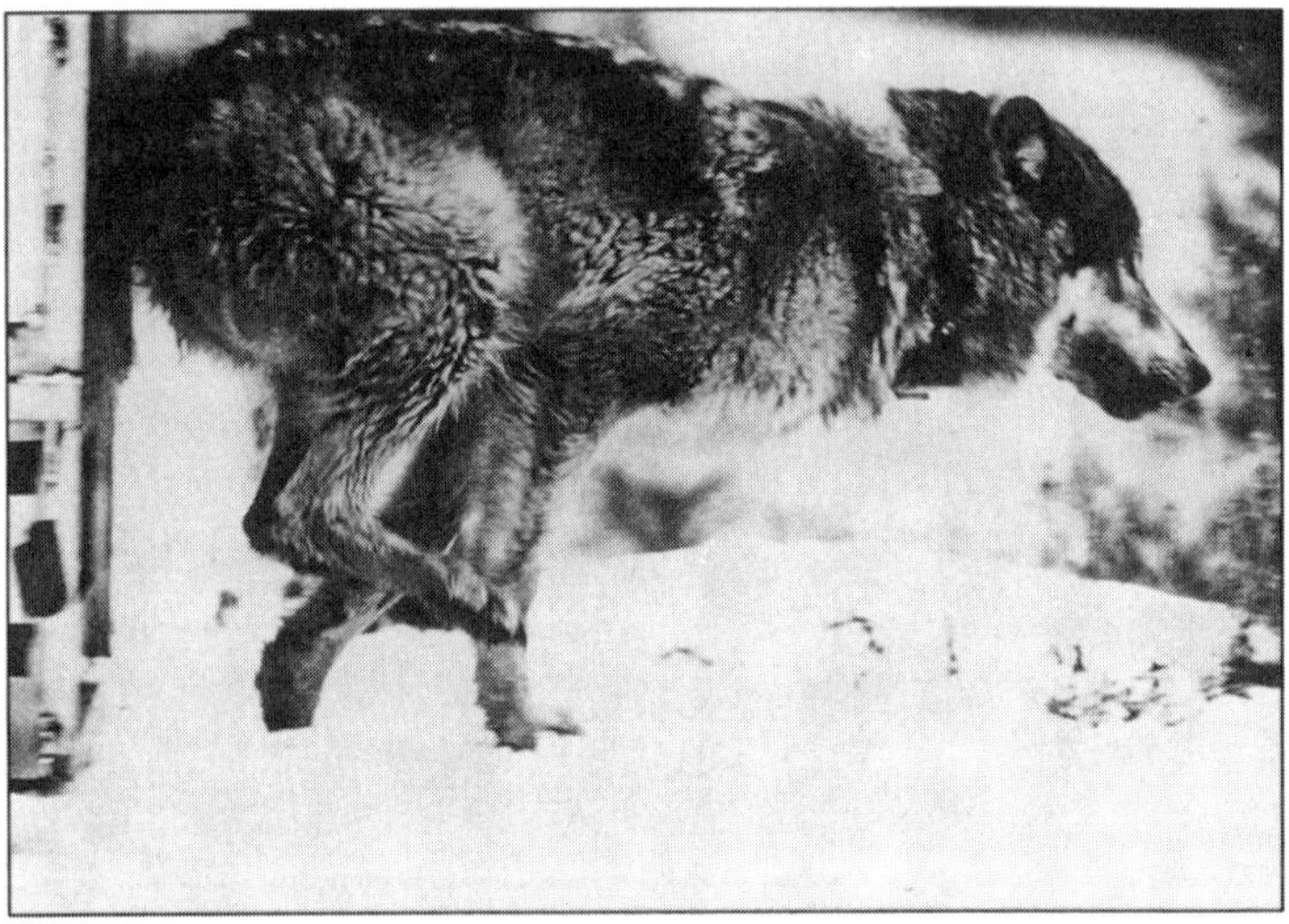

ついに自由になる。この写真はアイダホ州中央部で、輸送用コンテナが開かれるとそのまま野生へと走り出していくオオカミ。（ルーレイ・パーカー / ワイオミング州狩猟漁業部）

イエローストーン国立公園のラマー谷。オオカミたちの新たな我が家となるところ。（マイケル・S・サンプル）

8 善人、悪人、不可解な人

一九七三年に絶滅危惧種法が制定されてから一〇年を経ても、アメリカ人は北部ロッキーにカニス・ルプス［オオカミ］を復活させる計画が進んでいると感じることはほとんどできなかった。大胆なオオカミが何頭か、自力で合衆国領内に入り込んでうろつくことがあったけれども、大半はすぐに《鉛中毒》に倒れた――銃はこんな死に方をもたらすこともあるのだ。一九八三年と八四年の北部ロッキーにおけるごく散発的なオオカミの徘徊は、当時の政府のオオカミ復活チームにとってはひどく皮肉なことに思えた。チームの議論の八割はオオカミをどう殺すかであり、どう保護するかについての議論は二割しかなかった。だが後に私は、おそらくこの割合はだいたい正しかったのだと評価するようになる。

チームでは延々とオオカミを殺すことについての問いが持ち出され、きりがなかった。自分の土地を所有する者は、オオカミを一度でも目撃したら撃って良いとされるべきか？　連邦政府の土地管理に関係する役所は、オオカミが保護されない区域を設定するべきか？　家畜を捕食したオオカミは、獣害対策本部か連邦魚類野生生物局が初回で殺すべきか、それとも関係当局が問題をおこした個体を移動させるべきか？

　復活チームの会議はおなじみのパターンに陥った。ジョン・ウィーバーはオオカミの生物学的必要条件の定義を下す。バート・オガラは現実主義を注入する。自然保護団体はエールを送り続け、羊毛農家代表のジョー・ヘレが激論に火をつける。ヘレはほとんどの会議で最初から最後までカッカしっぱなしだったが、たまに沸騰して説教を始めるのだった。

「お前たちエセ環境主義者は、オオカミをバンビみたいに見せようとする！」彼はわめき散らした。「あいつらは風の匂いをクンクンかいでいるだけだ。可愛いらしいじゃないかと思うんだろう？　生きている馬の腹や羊の足の腱を咬み裂いて引き倒して、喉に喰らいついて息の根を止めたりするんだってことを考えてない！」

　すると復活チームのメンバーもしくは保護団体の誰かが、「このオオカミ管理の議論はすべて、畜産業界のそうした懸念に答える目的のためだけに開催されているんですよ」とヘレに説明するのだった。

　爆発するからといって、私はヘレが嫌いなわけではなかった。彼らはそういう人たちなのだし、あれは威嚇するための得意技なのだと分かっていた。彼が畜産業界の利害を効果的に代弁するのは、尊敬に値すると思った。その前年、魚類野生生物局長は、ヘレが「戦闘用意！」と飛ばした指令により、最初のオオカミ復活計画の草案を取り下げざるをえなくなった。ヘレからは学ぶことがある。彼は官僚組織をいかに動かすか、その方法を知っている。彼の最初の奇襲はうまくいった。私は二度と出し抜かれるものかと誓った。

一九八三年までに、オオカミの復活に関係する自然保護団体は増えていた。全米野生生物連合の北部ロッキー事務所を任されていた弁護士トム・フランスが、復活チームの会議に出席し始めた。彼の後ろ盾は国内最大の自然保護組織のひとつだ。そればかりでなく、野生生物連合の地方支部——モンタナ州、アイダホ州、ワイオミング州の野生生物連合——は狩猟愛好者のグループでもあり、各地域に非常に影響力をもっていた。休みのときはラグビーに興じるトム・フランスは、必要ならばオオカミ支持派として攻撃的にもなれるのだった。そしてよくヘレとぶつかった。

最初の計画に対してヘレが爆発してから一年半、オオカミ復活チームは新しい草案を発表した。それは今度こそ、オオカミ復活について重要になる課題も提示されているものだった。一九八三年一一月のその計画には、三つの復活地域が明らかにされていた。モンタナ州北西部、アイダホ州中央部、そしてイエローストーン公園地域だ。計画のゴールは各地域にそれぞれオオカミの繁殖ペアを一〇組定着させることと定められた（繁殖ペアは家族群《パック》に不可欠な要素だ）。計画はさらに、それぞれの復活地域に明確な保護ゾーンを設けることで、オオカミを管理する仕組みも提案していた。

この計画は停滞を打開したものの、二つの落とし穴があった。ひとつは、三地域のうち二つの地域でゴールに達したら、オオカミを絶滅危惧種法のリストから除外するのを許可することになっていたこと。もうひとつは、イエローストーン公園には、再導入ではなく自然な回復だけを提案していたことだ。

今度は自然保護団体が真っ先に、第一ラウンドのヘレをしのぐ熱意を込めてコピー機で攻撃を加えた。私たちは、より強力な計画をと主張する手紙と電話で復活チームを埋め尽くした。チームはプレッシャーを感じた。

一九八四年五月、ミズーラ市で、決め手となる復活チームの会議が開催された。最初の議題は、オオカミ復活計画に求められるのは二ヵ所だけか三ヵ所すべてかということだった。もし二つだけというならイエローストーン公園が漏れるだろうことは天才でなくても分かることだった。つまり、モンタナ州北西部とアイダホ州中央部という、カナダのオオカミ個体群が最も近くに存在する二つの地域にだけオオカミを移入させるというのが、はるかに単純な話だろう。だが土壇場でウィーバーが、グリズリーの復活計画は最低でも四地点での復活を要求していることを指摘した。それと整合性をとるならば、北部ロッキーのオオカミ復活計画は少なくとも三地域であるべきだと説いた。一理あるとチームメンバーは同意し、この変更は易々と賛同を得た。

イエローストーン公園に関する大きな論争点は《再導入》だった。やるべきか、やらざるべきか、それが問題だった。チームはこの決着に向かって三年間進み続けていた。チームリーダーのバート・オガラは、率先してイエローストーン公園の再導入には反対票を投じた。《再導入》という点が、異論が多く、達成できないポイントになると考えたのだ。分別ある者として、彼は勝てないケンカはしたくなかった。オガラは経験から言っていた。この三年間、彼は畜産業界からの集中攻撃の標的であり続けたのだ。

ボブ・リームが立ち上がった。誰もが彼をオオカミ研究者として、またオオカミ支持派として尊敬していた。彼はオオカミを低く評価するような人物ではなかった。だが、彼もまた、イエローーストーン公園へのオオカミ再導入には反対だった。「おそらく十分な時間さえ与えられれば、オオカミは自力で公園に戻ってくるでしょう」と彼は説明した。「その方が、人々は再び現れるオオカミを受け入れやすいでしょう。そのうえ、カナダでオオカミを捕獲して運び入れる《再導入》は高くつくし時間もかかります」。リームいわく、「政府の少ない予算は、グレイシャー公園地域に現存しているオオカミの復活の調査及び管理に振り向ける方がもっと理にかなっているのでは」ということだった。

部屋は静まり返った。オオカミ支持派たちは互いに不安げに目くばせを交わした。それではまるで、イエローストーン公園のオオカミ再導入案がお払い箱決定みたいだった。チームの最も影響力のあるメンバー二人がこのアイディアに反対した。次にジョン・ウィーバーが発言のために起立した。彼は、科学的な観点からは、再導入なしでイエローストーン公園へオオカミが帰還することは考えにくいと主張した。グレイシャー公園はカナダのオオカミ個体群から一四〇キロ以内だが、分布の空白を越えてくるのに今までのところ二〇年以上かかっている。「そこからさらに五〇〇キロも南へ、いつになったら移動してくる見込みがあるというのですか」と、彼は疑義を唱えた。

個々のオオカミが遠距離を旅するかもしれないことは彼も認めた。だが、二頭の、異なる性別の成獣オオカミがこの距離を旅して互いを見つけ、ペアになり、子育てを成し遂げる見込みはきわめて少なかった。ウィーバーは、三地点すべてにオオカミを復活させるという提案にイエローストーン公園への再導入という点を盛りこまなければ、生物学的に支持できないと主張した。

ウィーバーには説得力があった。だが、おそらくもっと重要だったのは、畜産業界の強硬な態度とジョー・ヘレの手加減なしの政治的駆け引きが、復活チームのメンバーの多くを激怒させたことだった。何人かのメンバーは、復活計画は生物学的なものとして文書にまとめられるべきで、政治的なものではないとの信念をもっていた。最終票決で、イエローストーン公園の《再導入》は、賛成六、反対五で決定した。

一九八五年一〇月、チームは計画の最終草案を出した。それは、モンタナ州北西部とアイダホ州中央部ではオオカミの自然な回復を、イエローストーン公園には再導入を推奨するものだった。復活チームはさらに、新しい重要な案を付け加えていた。関係当局はオオカミを《絶滅危惧種法の実験個体群》という付帯条項のもとに公園へ再導入することになるのだった。チームは文書を一般公開し、各州の野生生物部局や、自然保護の関連団体、畜産業界、新聞社、その他発表できる場へ配った。自然保護団体はもう一度、支援のために力を合わせ、この時は魚類野生生物局が受け取った文書形式のパブリックコメントの八五パーセントが賛成だった。

大きなネックがまだ残っていた。魚類野生生物局の上層部がサインをして初めて、この計画は効力を発揮するようになるのだ。

ヘレと畜産業界の支援者たちはもちろん、その日が来なければよいと願った。彼らは政治的に考えを同じくする人々に宛てた手紙の中で、議会公聴会を呼びかけた。「いま示されているオオカミ復活計画のような絶滅危惧種事業は、絶滅危惧種法の目的に含まれるのかどうか、そして納税している市民の最善の利益にかなっているのかどうか、決めようではありませんか」

モンタナ州、アイダホ州、ワイオミング州選出の政治家たちは声を合わせて、復活計画に反対する声明を出した。「『モンタナ州にオオカミを！』と求めるのは『また干ばつを！』と求めるようなものだ」と、共和党の下院議員ロン・マールニーは「ビリングス・ガゼット」紙に寄稿したコラムで書いた。「単に《偏屈な自然好き》がモンタナ州の経済発展を阻止しようとオオカミを担ぎ出しただけではないのか？　グリズリーの生息地も、スキー場や道路その他いろいろなことを差し止めるための、もっともらしい理由として使われてきた。環境保護運動家の言うことなんてヨダレ同然だ。彼らが垂れ流す主張で土地はがんじがらめにされてしまう」

ワイオミング州の共和党上院議員アラン・シンプソンも、同じく復活計画に関して冷淡だった。「人類とオオカミはいまだかつて真に友好的な時期などなかった」と、彼はニュース発表についての感想を述べた。「我々ワイオミング州のように畜産業に依存度が高い州では、オオカミは実際のところ新しい住人としてまったく歓迎されていない」

アイダホ州の共和党上院議員スティーヴ・サイムスは、「オオカミは家畜への脅威にとどまらず、人間に対しても現実的な危険をもたらす」と警告した。彼は突飛で根拠のないこの主張を、ボイシ市で開かれた「オオカミと人間」展へ自分の生徒を見学に連れて行ったばかりの女性教師に宛てた手紙のなかで述べた。

年が明けて一九八六年、論争は、一九八二年当時とは違う方向へむかった。オオカミ支持派は相当な数に膨れ上がっていた。それは主に、公園局長ウィリアム・ペン・モットの熱意のこもった支援があったからだ。イエローストーン公園にオオカミを復活させる議論は全国規模の注目を集めることになった。

再導入実現の見込みを論じる記事が「オーデュボン」「ナチュラル・ヒストリー」「ディフェンダーズ」といった全国規模の環境関係の刊行物だけでなく、「ワシントン・ポスト」や「ニューヨーク・タイムズ」、「ニューズ・ウィーク」のような主要メディアにも登場した。自然保護団体は、ボブ・バービーが私にアドバイスしてくれた第一段階を達成し始めた。《市民の支持の確立》だ。

私たちは、バービーの助言の第二段階にとりかかった。《政治的支持の確立》だ。保護団体のリーダーたちは、モンタナ州、アイダホ州、ワイオミング州という地元の政治的な後押しがなくては、復活計画が棚上げのままにされかねないことを十分に理解していた。国会議員は、別の州のことには立ち入らないというのが政治的な不文律である。記憶に残るもので最近このルールが破られたのは、何百平方キロもの土地を自然領域および公園として保護するという画期的なアラスカ州の土地法案で、アラスカ州選出の国会議員団の異議申し立てを認めなかった。これが唯一のものだ。北部ロッキー地方の議員一人の支持は、東海岸の議員五〇人分の支持と同じくらい重みがあった。私たちはオオカミのために戦ってくれる同志を必要としていた。

だが、予想できる人物評価は気が重いものだった。ワイオミング州の候補者は上院議員のマルコム・ウォーラップとアラン・シンプソン、下院議員はディック・チェイニー、この三人とも保守的な共和党員で、正真正銘の反オオカミ派だった。言わずもがなだ。

モンタナ州はもう少し良い感触だった。民主党の上院議員ジョン・メルチャーとマックス・ボーカスは、環境関係でまずまずの投票実績［議員が議会でどんな投票行動をとったかをNPOが表にまとめている。後出］を持っていた。民主党の下院議員パット・ウィリアムズもそうだった。下院議員ロン・マールニーだけは望みがなかった。直近の新聞記事で彼は、イエローストーン公園へのオオカミ復活を、自分の屋根裏部屋にゴキブリを持ち帰ることと比べていた。私は、英国の詩人アレクサンダー・ポープの観察力を思い出さずにはいられなかった。詩人は心の狭い人々を口の狭い瓶に見立てて「中身がないほど注ぐ時に大きい音を立てる」と表現していた。

私はメルチャー上院議員に陳情を試みた。彼は前職が獣医師で、動物には弱いのだった。だが残念なことに彼には獣医師として働いていた時期の人脈が畜産業界にたくさんあって、そちらの方にもっと弱かった。私は手紙を数回出し、二度訪ねたが、メルチャーは強硬な反オオカミ派のままだった。

一見したところ、ボーカス上院議員がもっとも支援のよりどころになってくれそうだった。彼の環境関係の実績は堅実なもので、仕事上も私たち自然保護団体と良好なつながりがあった。しかし私は、ボーカス議員の親族がモンタナ州で最大の羊牧場を所有しており、彼の父親はモンタナ羊毛生産者組合の反捕食動物論者の中でも、最も歯に衣着せぬ物言いをする人物であることも知っていた。

私は連邦政府議事堂のあるキャピトル・ヒルに建つハート上院オフィス・ビルにボーカスを訪ね、会合することにした。パット・タッカーも同行した。タッカーは、ミズーラ市の全米野生生物連合の地方事務所でトム・フランスといっしょに仕事をしていた女性だ。ボーカス上院議員は四〇代半ばのハンサムで精力的な人物で、快活に私たちを出迎えた。彼はろくに言葉も交わさないうちに私たちをさっさと入口ホールに誘導した。そこには、私たち三人の写真を撮るために、専属のカメラマンが待ち構えていた。まだ挨拶もしておらず、気まずい瞬間だったが、撮影会は議員が訪問者を大切にしていると思わせるのによく使う手だ。タッカーと私は、気にしないことにした。

会合はいい感じで始まった。モンタナ州のできごとについて少し話をし、それからボーカスの支援によって立法されたモンタナ原生自然法の将来について、前向きな意見交換をした。ついで私たちは今回の会合の核心、イエローストーン公園にオオカミを復活させることに賛同を得たいという点に話を向けた。

まるで私がデスク上にオポッサムの死骸を置いたようなものだった。ボーカスは動揺し始め、興奮して目をむいた。その目を見た瞬間、私はハンス・クリスチャン・アンデルセンの童話『火うち箱』に出てくる犬を連想した——皿のように大きい目だ。「イエローストーン公園へのオオカミ再導入など、非現実的だ、ばかげている。実現のチャンスなどない」とボーカスは唸るように言った。「要するに、環境活動家たちが広げた大風呂敷だよ」と彼は不満げに言い、「畜産業界の誰かと話をしたことはあるのかね」と詰問するように尋ねた。そしてその目で私を上から下までねめ回した。

ボーカスが我々の案そのままには良い反応をしないだろうと予想はしていた。そこで、《案その二》を開陳した。「イエローストーン公園のオオカミ再導入に、おおっぴらに賛成してほしいということではありません」と私は言った。「あなたにお願いしたいのはただ、関係当局が、絶滅危惧種の復活のために議会が確立した手順、たとえば復活計画の完成といったことですが、その手順に従うべきだという点にだけ、ご賛同いただきたいのです」

《案その二》がボーカスの耳に届いたかどうかさえ定かではなかった。彼は取り乱した様子で不意に立ち上がると部屋を出てしまい、それきり戻ってこなかった。部屋に残された彼のスタッフは、当惑の表情で肩をすくめた。数週間後、私あてに光沢仕上げの大判の写真が郵送されてきた。なかなか良く撮れていた。

次に私はパット・ウィリアムズ議員を訪ねた。彼は西部三州の中で最も良い環境派の議員だったが、公平に言えば、見込み違いと言わざるを得ない。ともかくウィリアムズは絶滅危惧種法の信頼できる賛成派議員で、しばしば保護団体の代打すらかってでるような人物だ。しかしこの時は、ストライク、アウトだった。彼は、私たちがボーカスにも提示した「プロセスを支持する」という《案その二》に礼儀正しく興味を示すふりを装ったが、関わりあいになるには難しすぎる問題だとみなしているのは明らかだった。彼のオフィスを出ながら、私は、イエローストーン公園のオオカミのために戦ってくれる同志探しはうまくいかないことを痛感していた。

書類上は、アイダホ州の議会代表団もワイオミング州と同じように反オオカミで、絶望的に見えた。サイムス上院議員と共和党ラリー・クレイグ下院議員は典型的なオオカミ嫌いだった。私はフォート・ノックス［合衆国金塊貯蔵所のある軍用地。転じて、財政面］に入り込む機会をうかがう方がよさそうだった。初選出の民主党リチャード・ステイリングス議員も訪問する必要がある。彼はきわめて用心深かった。ズボンを止めるために、ベルトをしたうえでサスペンダーを着けるようなタイプ。望み薄だ。オオカミ問題は、決断力なしでは扱えない。残るはジム・マクルーア上院議員だった。

恐るべきジム・マクルーア。もし彼が議会の一員でなければ、環境活動家が最も嫌うような、他の誰にもまして恐れられる人物なのは間違いない。彼は西部三州から選ばれた中でももっとも有名な、もっとも古参の、もっとも力のある議員だった。一九六六年からの議員で、エネルギーと自然資源に関する国会内の委員会の共和党側の幹部だ。彼は、上院予算委員会の内務省および関連局の小委員会における共和党の重鎮でもあった。公園局、森林局、魚類野生生物局の予算を握る地位にあり、議会の他の誰にもできないやり方で、それらの当局の活動を操作できた。

マクルーアは連邦政府の官僚をふるえ上がらせるもっとも効果的な方法を知っていたし、よくその方法を用いた。予算を精査したのだ。ロン・マールニーやスティーヴ・サイムスと違い、彼は表立って当局に脅しをかけることはなかった。かわりに、当局が従わざるを得なくなるような一節を予算案に挿入した。アイダホ州のオオカミ復活問題に関して、彼はすでに自分の意見を表明していた。一九八三年、マクルーアは内務省管轄の法案に、原生自然地域以外の場所でのオオカミ研究に州の予算を使うことを禁じる条項を挿入した。これは票決の数時間前に行ったことで、議会は法案を綿密に再検討する時間がなかった。彼の戦術は、オオカミ生息域を守る当局の能力を、簡単かつ効果的に制限する方法だった。彼はグリズリーと森林管理の問題についても、当局を彼の意に従わせるため、同様の手を使った。

マクルーアの有力な支持者は林業家、鉱山業者、そして牧場主たちだった。全国規模のNPO「自然保護有権者同盟」が議会の環境に関連する議題への投票実績を表にまとめているが、それまでの二回の会期中におけるマクルーアの得点はゼロだった。

もし、彼の自然資源関連の主任スタッフ、カール・ヘイウッドがオオカミ復活チームの会議に出席し始めなければ、おそらく自然保護団体は、マクルーアを単に他のオオカミ反対派議員と同じとみなしたかもしれない。チームの全員が、ヘイウッドは何か企んでいるのではないかと疑った。ボスの環境関連の実績はひどいにもかかわらず、ヘイウッドは驚いたことに、決して癇癪をおこしたり反オオカミの罵倒でチーム会議を妨害したりしなかった。彼のコメントは建設的なものだった。ある会議で彼は、もし当局が現実的な計画を展開できるなら、マクルーア上院議員はオオカミ復活に賛同するだろうと知らせてきて、私たちを仰天させた。

ヘイウッドの活動をみて、私は彼の手腕を尊敬するようになった。彼は絶滅危惧種法の法的なニュアンスを知っていて、その法律を当局がモンタナ州、アイダホ州、ワイオミング州でどう履行することになるかを理解していた。議員のスタッフは若くて経験に乏しい傾向があったが、五〇代半ばのヘイウッドは政治の込み入った事情がわかっていた。事実、彼は私がこれまでに出会った中で、もっとも内情を理解している議員スタッフだった。彼の能力がマクルーア上院議員の有能さを支えていたのはまちがいない。私は彼と仕事上の有効な信頼関係を築き始めた。

ヘイウッドと私は、アイダホ州の政治家たちがオオカミ復活計画について何も理解していないということで一致した。彼らを教育するため、私はボイシ市で集会を開くことを提案した。彼は議員スタッフ、知事室の代表者、畜産業界のメンバーを招待した。私はトム・フランスを含む自然保護団体を呼び、デイヴ・ミッチに、ミネソタ州のオオカミ復活について彼らに話してほしいと頼んだ。

皆が出席した。ミッチはいつもの素晴らしいプレゼンテーションをした。議員スタッフらは典型的な質問をし、自然保護団体と牧場主はおなじみの問題について議論をたたかわせた。オオカミ普及教育のプロセスはすんなりとはいかないのだ。

よくあることだが、公的な集会が終わった後に重要な仕事が動き出した。どんな課題についても、主役を演じる人物を見つけ出す達人であるヘイウッドは、私的な集会のためにミッチをかつぎ出した。彼とミッチはいくつかの共通した特徴があった。ともに現実的で、議論ではなく解決に関心を寄せ、水掛け論には興味のない人種だ。彼らはうまくいった。ヘイウッドはミッチを、オオカミ復活の必要性について知るための生物学的な知識の源とし、ミッチはヘイウッドを、政治的な相談役・宣伝役として利用した。

ヘイウッドは、かつて旅行用品を扱う業者としてアウトドアになじみはあったものの、《隠れオオカミ好き》などではなかった。彼は、上院議員の一次産業関連の有権者とオオカミとに、ともに気を配った。マクルーアの関心を共有し、厳密に議員を代弁した。オオカミ復活にからむマクルーアの関心は何だろう？　簡単に言えば、オオカミ復活問題はきわめて議論が分かれ、政治的なリーダーシップなしには決着しないであろうと彼が考えていたということだ。

他の政治家よりも鋭いマクルーアが、自分の仲間である経営者たちの利害に目を配っていたからこその皮肉な反応だった。マクルーアはおそらく気づいていたのだ。オオカミは、牧場主が好むと好まざるとにかかわらず結局アイダホ州に戻るし、そうなれば絶滅危惧種法の完全な保護を受けるだろう。そうなれば環境活動家がこの法を使って、自然資源を利用しているマクルーアの支持者たちに影響を与えるようなかたちで、土地利用に制限をかけてくるかもしれない。彼はそう考えて、オオカミが戻ってくる前に、より良い協定、待遇を作り出そうと試みたのに違いない。

その後も何年か、環境活動家たちはマクルーアのオオカミ復活支援の動機について議論していたが、本当のことは分からないし、私にはどうでもよかった。とにかく私たちは、アイダホ州中央部とイエローストーン公園にオオカミを復活させることを推進する、地元選出の政治家をみつけたのだ。我々が幸運だったのは、たまたま彼がその地域で最も力のある政治家だったことだ。少なくともその時点ではそれで十分だった。

トム・フランスと私に促されて、ヘイウッドは畜産業界と自然保護団体のあいだでの集会を試みることに同意した。政府関係者は抜き。このやり方が、オオカミの管理についての問題解決を前進させる、最も効果的な方法だという意見で私たちは一致した。ところが、畜産業界の代表者は興味を示さなかった。彼らの姿勢はマールニー下院議員と同じだった。「オオカミ反対、議論の余地なし」

ヘイウッドには他に考えがあった。「畜産業界は、オオカミと家畜は根本的に相容れないと考えているから協議に応じないのだろう。その発想を変えてもらうために、業界のリーダーたちに『それは違う』と示す必要がある」。ヘイウッドは彼らをミネソタ州の視察ツアーに連れていき、畜産農家がオオカミにどう対処しているかを見せたらどうかと提案した。

彼の計画は良いアイディアに思えたが、他にも参加者が必要だった。私はオオカミ専門家のミッチや、自然保護のリーダーたちを呼ぶべきだと考えた。ヘイウッドはさらに西部選出の議員のスタッフと、ミネソタ州での獣害対策事業を実現させたリーダーも来てくれるよう頼むことを提案した。ほぼ全員がこの招待を受け入れた。

数ヵ月間、数百本の電話をかけ、その後ディフェンダーズから一万ドル以上を出して、ミネソタ州北部に広がる「ノース・ウッズ」と称される森林を切り拓いた牛の放牧地に二〇人の一行が集った。オオカミと家畜との間に砂粒のようにある障害を取り除いていくのだ。なかなかうまくいかなかったが、ヘイウッドと私は、この二日間の視察旅行に畜産業界のリーダー六人と西部各州からそれぞれ二人が参加するよう何とかこぎつけた。

私たちの目的は、ミネソタ州の典型的な農場を見せることではなかった。そんなのは退屈だ。当時（一九八七年）、ミネソタ州のオオカミ生息域において畜産農家から申し立てられていたオオカミによる損失は、年平均で一〇〇〇頭につき二頭以下だ。私たちは最悪のところを見せることにしたのだ。慢性的にオオカミにやられている農場を訪れた。次に私たちは、州の中でも最も多く家畜被害を受けた経験のある人々を含めた、地元の牧羊・牧牛農家とのタウンミーティングを開いた。活発な議論が交わされた。

畜産業界のリーダーたちが繰り返し持ち出すひとつの論点があった。彼らは一九八四年のアイダホ州セント・アンソニーの牧場主らと同じく、オオカミそのものは恐れていないと言った。彼らが求めていたのは、適切な管理事業が用意されることと、連邦当局と環境活動家が公有地から畜産農家を締め出す口実に、オオカミを使わないという確約だった。

業界リーダーたちは、絶滅危惧種法のもとではミネソタ州の畜産農家が自分の家畜を襲っているオオカミを見つけても殺せないことを気にしていた。ヘイウッドと私は、絶滅危惧種法の実験個体群であるという付帯条項のもとでは、そういった場合のオオカミを民間の個人が殺すことは許可されるということを伝えた。彼らはまた、家畜の損害補償を求めた。当時、ミネソタ州はオオカミによる損失に、一頭につき四〇〇ドルを上限に支払っていた。その事業計画では不十分だとリーダーたちは訴えた。「家畜の市場価格分はもらわないと」

ミネソタ州視察旅行では、誰も賛成側には回らなかった。しかし目に見える前進だった。この旅行によってオオカミ支持派と畜産業界の代表者たちは、双方の対立の核心に焦点を絞ることができた。折り合いはつかなかったが、少なくとも話し合いはできた。旅行で、解決すべき課題が明白になった。イエローストーン公園最高責任者ボブ・バービーが言ったように、「イエローストーンのオオカミ再導入は、反対派の懸念に向き合うことなしには実現しない」のだ。

こうして畜産業界との新しい関係を摸索していたあいだも、自然保護団体は魚類野生生物局に、復活計画にサインし計画を開始するよう圧力をかけつづけていた。自然保護関連の団体は、敵対的なレーガン政権に総攻撃をしかけた。私たちは《お手紙キャンペーン》を展開し、会合を何度も催し、ついには魚類野生生物局を相手取っての訴訟も辞さないと迫った。キャピトル・ヒル（連邦国会議事堂）の議会スタッフとの情報提供の会合にはデイヴ・ミッチを招いた。鍵となる議会財源委員会の上層部には、復活計画に求められている行動をとるよう、魚類野生生物局に対して書簡を送ってほしいと説得した。

計画は――少なくともしばらくの間は――まったく動かないように見えた。その最大の理由は、一九八六年、レーガン大統領が指名した新しい魚類野生生物局長だった。フランク・ダンクル。私の恩師レス・ペンゲリーの最大の敵だった人物だ。かつてペンゲリーが彼を評して言ったように、ダンクルは不可解な人物だった。彼は一見、野生動物の味方のようだったが、それは政治的に都合が良い時だけ。ダンクルは、望んだものは手に入れるタイプの尊大な人物で、当然のことながら部下に恐れられていた。

自然保護団体のオオカミ復活計画へのプレッシャーに対するダンクルの答えは、一九八六年十二月に発表された。議会、一般大衆、そしてモンタナ州、ワイオミング州、アイダホ州それぞれの魚業・狩猟に関する委員会に、オオカミ復活計画について、発言の機会を最後に一回与えるというもの。これは五年間で三度目となるパブリックコメントだった。彼の意図が、オオカミ反対者にノーを言わせる機会を与えようとしているのは明らかだった。

自然保護団体はこれを、妨害ではなくむしろ良い機会ととらえて逃さなかった。全米野生生物連合、全米オーデュボン協会、ディフェンダーズは、それぞれの会員に注意を喚起し、オオカミ復活に賛成する手紙を書くよう頼んだ。保護団体の会員や一般の人々からのパブリックコメントは圧倒的な後押しになった。だが、ダンクルはやはり計画を認可しなかった。

自然保護団体は困りはてた。一九八七年四月にワシントンDCでディフェンダーズが主催した国際オオカミシンポジウムにおいて、ダンクルは、オオカミが自力でモンタナ州北西部に戻りつつあり、これはイエローストーン公園にも自力で戻る可能性を明白に示していると語った。これは言い換えれば、オオカミ再導入実施の議論をまるごと振り出しに戻そうと言っているようなものだ。彼のデスクの上に載っている公式の計画書には、はっきりと、存続可能なオオカミ個体群がイエローストーン公園に自力で再定着する見込みは「きわめて乏しい」とされていることなどお構いなしだった。

ほぼ同じころに起こった出来事が、復活計画を実施の方向に押しやる力になった。モンタナ州北西部でオオカミが繁殖を始めたのだ。一九八六年、ボブ・リーム率いるオオカミ生態調査プロジェクトが、グレイシャー国立公園におけるここ五〇年間で初のオオカミの繁殖を報告した。一九八七年半ばまでに、研究者たちは三つの家族群《パック》、総数で三〇頭を報告した。そのうち一群はモンタナ州にいて、残りの二群はカナダとの国境をこえて移動していた。

　同じくアイダホ州の住民からもオオカミ目撃情報の報告が続いていた。魚類野生生物局で一九八三年からアイダホ州のオオカミ目撃情報を分析してきたティム・カミンスキーは、ここ二〇年間に六〇〇件近いオオカミ目撃情報があることを明らかにした。そのうちの二〇〇件くらいが「可能性あり」とされていた。繁殖の証拠は見いだせなかったが、アイダホ州にはすでに少数のオオカミ個体群が存在するのではと考える人もいた。ミッチのような科学者はきわめて懐疑的だったが、この希望的観測は、復活チームに、アイダホ州へは自然定着方式が好ましいと思わせることになった。

　西部の政治家たちと畜産農家たちは復活計画に猛烈に反対した。ダンクルは故意に決断を先送りした。にもかかわらず、一九八七年八月、オオカミ支持派が長く待ち望んでいた日がついにやってきた。復活計画にサインされたのだ。興味深いことに、サインはダンクルではなく、コロラド州デンバーにいた魚類野生生物局の局長臨時代理によるものだった。ダンクルはその文書に指紋を残したくなかったのだろうというのが、多くの人の意見だった。

　自然保護団体は願いがかなったと大喜びした。しかしそれは、彼らが守りたいと願った当の動物にとっては、おとぎ話の終わりを告げることに他ならなかった。モンタナ州にいた少数のオオカミたちにとって、その年は最もつらい年になった。

9 最悪の夏

一九八七年八月の星明りの夜、私はモンタナ州スミス・リバー河畔の人里離れたところで、キャンプファイアーの前に座っていた。そこは私が地球上でいちばん好きな場所だった。焚き火の暖かさを分かち合っているのは、私の妻キャロル、トム・フランス、それにもう一人の友達だった。その朝私たちは八八キロ、四日間のラフティングの川下りに乗り出したところだ。

よく晴れた、暑い日だった。魚は元気よく疑似餌《フライ》を追ってきた。ようやく涼しくなってきた夕方、私たちはくつろいで、お互いの釣りの腕をけなしあっていた。トム・フランスはいつも独特のしぐさで、つまみを持ち、氷とベルモット、ジン、オリーブを入れた風変わりな辺境のマティーニを飲んでいた。キャロルは、以前は決してマティーニを飲まなかったのに、ごくごく飲んではお代わりしていた。時間はあっという間に過ぎていき、私たち四人は野生児のように笑いあっていた。

突然、背の高い男が、焚き火が作る光の輪の影から現れ、私たちをびっくりさせた。「全米野生生物連合のトム・フランスさんを探しています」と彼は言った。私には、彼がモンタナ州魚類野生生物公園部の河川監視員《リバーレンジャー》だとわかった。フランスは立ち上がった。「あなたを、電話の通じるところまでお連れする必要があります」とレンジャーは彼に言った。

私たちの気持ちは沈んだ。みんな同じことを考えていた。誰かが死んだのだ。交通事故か？ 心臓麻痺か？ フランスはすぐにそれを知ることになる。彼がレンジャーといっしょに行ってしまった後、私たちは今後の計画について考えた。もし彼が翌朝九時までに戻ってこなかったら、残念だが私たち三人で出発することにした。

しかし翌朝九時少し前に、フランスは笑顔で小道を降りてきた。すぐさま全員が異口同音に尋ねた。「誰も死ななかった？」

「いいや、誰も死んでない」と彼は答えた。「でも、これから死ぬかも」。連邦魚類野生生物局のウェイン・ブルースターが私たちに一生懸命連絡をとろうとしてフランスのアシスタントにメッセージを残し、それを緊急と受けとったアシスタントが過剰反応して、私たちを山の中にまで追いかけてきたということらしい。「ブラウニング近くのオオカミが家畜を殺したんだ」とフランスは説明した。「ブルースターは、できることならそいつらを、自分たちで撃ちに行くと言ってる。彼はただ、私たちに、承知しといてくれと言いたかっただけだ。引金を引いても私たちから訴えられないように、彼は保険をかけたんだと思う」

モンタナ州ブラウニングのオオカミの物語は前年の一九八六年冬に始まった。グレイシャー公園の職員が、ブラックフィート族の居留地の小さな町ブラウニングの近く、公園の東側にある凍った湖で、エルクを追いかけている五頭のオオカミを目撃した。それまでのオオカミ目撃報告はすべて公園の西側、ノースフォークのフラットヘッド川沿いでのことだった。二つの地域はほんの八〇キロ、カラスが飛べるくらいの距離にあったが、両地点のあいだにはグレイシャー公園の高い山が横たわっていた。

二人の女性がフェンスの修理をしているときに、動物が吠えるのを聞いたのだった。行ってみると、灰色がかったオオカミが二頭、体重四〇〇キロの乳牛を殺していた。これは重大な局面だった。

魚類野生生物局は問題を起こしたオオカミを駆除する計画を練った。最初の被害では、捕獲して発信機をつけ、移動させて放す。次に襲ったら、殺すか、捕らえて飼育下に入れる。二ストライクでアウトというわけだ。

当局は「熊足」の苦い経験から学んでいた。オオカミ復活計画では、魚類野生生物局は家畜の被害を防ぐため、必要ならオオカミを駆除することができる。復活チームは、問題をおこしたオオカミの処分は迅速に決定せよという難しい要求をしていた。それは他の大多数の、家畜を襲わないオオカミを増やし保護していくためだった。この対策は保護団体からも支持を得ていた。

しかし魚類野生生物局は、担当する者の訓練もまだ行っていないし、オオカミを捕獲する道具もそろっていなかった。オオカミが家畜を襲った場合に魚類野生生物局の支援に呼ばれるはずの獣害対策本部もそれは同様だった。所属の罠猟師《トラッパー》はブラウニングのオオカミを捕らえようと数週間にわたって試みていたものの、うまくいかなかった。その猟師が病気になっても代わりになる人がいなかったため、問題は一ヵ月近くも放置された。幸運なことに、家畜被害は収まっていた。回復した罠猟師は六月の末にもう一度わなを仕掛け、今度はうまくいった。二頭のオオカミが捕らえられた。

一頭は黒く、三本足だった。後ろ足の下の部分は撃たれて失ったらしい。もう一頭は、灰色がかった大きなオスだった。

罠猟師は捕らえたオオカミをどうするか準備していなかったので、麻酔をかける薬も持っていなかった。そこで西部流で問題を解決した。オオカミを投げ縄で捕らえ、ロープで足を縛り、口には棒を噛ませて、顎をテープでぐるぐる巻きにした。それから魚類野生生物局の生物学者が到着するまでガレージの中に放り込んだ。

魚類野生生物局の生物学者は灰色のオスに電波発信機を装着して放した。彼が家族の他のメンバーのところに連れて行ってくれると期待して受信機で追跡する、いわゆる「ユダ」というテクニックだ。三本足のオオカミについては、もう一度野生に放すことはできないと魚類野生生物局は判断し、ミネソタの動物研究施設に送った。

八月の初旬、オオカミはまた事件を起こした。ストライク。最初の被害があったところから何キロも離れていない牧場で、八頭の羊と一頭の子羊を殺したのだ。牧場主は最初はがまん強く見えたが、だんだんと辛らつになった。「どうして俺たちがオオカミのクソッタレにエサをやらなきゃならないんだね」と、最初に牛をやられた牧場主は尋ねた。

「俺は全部殺しちまえなんてことは言わない男だ」と、もう一人の地元の畜産農家は言った。「だけど、これは家畜の生産者にとっちゃでかい出費だぜ」

羊の被害にあったダン・ギアという牧場主は、「グレート・フォールズ・トリビューン」紙に語った。「もし誰かが、オオカミが食った家畜の代金を払おうっていうなら、俺たちも我慢するよ」。

だが、オオカミが一週間のうちに三頭の子牛を殺害するという凶行に及ぶと、ギアの忍耐は激しい怒りに変わった。金持ちではない彼は、この事件で二〇〇〇ドルの価値のある家畜を失ったのだ。彼は魚類野生生物局に電話をかけてきて、ウェイン・ブルースターに怒鳴った。「もしあんたが今すぐこの問題を解決しないなら、俺は自分でオオカミを殺してうちの郵便ポストに吊るすぞ。政府のクソッタレめ！」

これが、ブルースターの緊急電話にトム・フランスがスミス・リバー河畔から呼び出されることになった日の出来事だ。そのすぐ後に、獣害対策本部の担当者を乗せたヘリがオオカミの群れを追った。担当者は大きな灰色のオオカミを撃ち殺してけりをつけた。それは最初に家畜を殺したオオカミだと判明した。

しかし、問題は解決しなかった。家畜を襲った群れの、大半のオオカミは、まだ捕まらずに残っていた。魚類野生生物局と獣害対策本部の間の緊張感が高まった。だいぶ前から、魚類野生生物局の側が、獣害対策本部に局の電波受信機を使うのはつねに局の職員が近くにいることが条件だと言い張った時から、悪い予感がしていた。局の担当者が、獣害対策本部は牧場主の古くからの妨害行為——つまり、オオカミを撃って《シュート》、埋めて《シャベル》、黙っている《シャーラップ》——を助けるために局の電波受信機を使うだろうから、道具を本部に渡さないのだとほのめかしたことで、本部が憤慨したのだ。

獣害対策本部と魚類野生生物局は、他の問題でも同じようにいがみあっていた。獣害対策本部は、自分たちと魚類野生生物局は牧場主の家畜被害の解決策をできるだけ早く見つける必要があると考えていた。わずかな数のオオカミを殺すことと比べれば、素早くかつ断固として行動できないことの方が、オオカミ復活運動の将来をよほど危うくするとの主張だった。一方、魚類野生生物局は、ブラウニングのオオカミがモンタナ州最初の群れだという事実に過敏になっていて、できることなら捕らえて他の場所へ移したいと望んでいた。しかしどちらも、今がその時と対処できる技能も手段ももっていなかった。

ブラウニングの事件は九月末まで長引いた。この七頭のオオカミの群れに起きたことは致し方なかったかもしれない。獣害対策本部と魚類野生生物局の担当者が最終的に立ち去るまでに、四頭のオオカミが死に、二頭が捕らえられて飼育下におかれた。一頭だけは捕まらずに生き延びたが、長くは持ちこたえられなかった。確実ではないが、誰かが彼を撃ち殺したらしい。

ブラウニングの出来事は、オオカミ復活の勢いをかなり削いでしまった。毎日毎日、新聞は怒った牧場主たちのコメントを使って話題づくりをした。畜産関係の組合に急き立てられ、政治家たちは最近の事件について調査を始めた。オオカミの家畜襲撃はタイミングが悪かった。魚類野生生物局がオオカミ復活計画にサインした直後だったからだ。

自然保護団体はブラウニングの大失敗を困惑して見ていた。それは、勝者が誰もいない状況だった。三人の牧場主は、大切な家畜を失ったことに怒っていた。地元の多くの人々が、先々オオカミを見つけることがあったらすぐにも撃つと断言していた。オオカミ支持派は、オオカミたちが死んでしまったことと牧場主たちがオオカミを悪く言い続けることに動揺していた。ブラウニング地域ではオオカミの見通しがはっきりしなくなった。オオカミが家畜を殺すかどうかはもはや関係なかった。

モンタナ州のオオカミ復活の議論にきちんと携わってきた保護団体――全米野生生物連合、全米オーデュボン協会、ディフェンダーズ・オブ・ワイルドライフ――は、ブラウニングのオオカミ駆除の実行に反対しなかった。各団体のメンバーの中には、指導的立場にいる人たちがオオカミ殺しに抗議しないことを責める人もいた。しかし私たちは、魚類野生生物局と畜産業界との約束を守らなければならなかった。数年にわたって私たちは彼らに、保護団体は家畜を殺したオオカミのすみやかな駆除を支持すると言い続けていた。その約束を守ることは難しかったけれども、結局は大きな見返りがあることだった。

その八月の終わりまでに、ブラウニングの近くで一〇頭の羊、五頭の雌牛が被害にあった。ダン・ギアが「グレート・フォールズ・トリビューン」に語ったことと、公園局長ウィリアム・モットがイエローストーン公園で二年前に私にくれたヒントが、私の中で結びついた。「牧場主に損害を賠償すれば、彼らも寛容になっていくだろう」。畜産農家は本能的にオオカミを嫌うものだが、お金の問題が憎悪を助長してはいないだろうか。その疑問への答えを出す時だ。

私はモットにアドバイスを受けてからずっと、自分の所属するディフェンダーズに民間のオオカミ被害補償基金を始めることを進言し続けてきた。畜産業界の人たちに会うためのミネソタ行きで私の決意は強まった。もし牧場主がオオカミ被害の損害を我慢しなければならないとしたら、そのことで彼らはオオカミへの敵意をつのらせてしまうことになる。この発想は単純だが筋が通っている。オオカミ復活と結びついている経済的な責任を、個々の畜産農家からオオカミ復活を支持する全国一〇〇万人の人たちに転嫁するのだ。

ディフェンダーズの理事たちが、そのような不確実な財政的責任を引き受けたがらないのは、よく理解できる。しかし、まさにそこがポイントなのだと私は主張した。牧場主たちがオオカミ復活に反対するのは、彼らがまさにその不確実性を怖れているからなのだ。自分たちが担おうとしない負担を彼らに負わせるのはフェアだろうか？　もし私たちがオオカミによる家畜の損害は小さなものだという科学的な研究結果を信じているのなら、なぜその損害を補償して議論を終わらせないのか？　私たちは、ないかもしれない家畜被害の深刻さの度合いについて議論したいのか、それとも、オオカミ復活を成功させたいのか？　私はモットが言うように、反対者の経済的な心配を取り除いてやることが、彼らの反対の気持ちをやわらげるかもしれないとも主張した。

保護団体のなかには、ロビー活動を通じて国の補償制度を作るべきだという人もいた。この考えは道理に合わないと私は感じていた。家畜被害への補償は、通るはずのない法案を通そうとロビイストを何年も雇う金をかけるより、よほど安くて効果的なやり方だ。国の複数の機関はすでに、そのような基金には反対だと表明していた。全米野生生物連合のような有力な保護グループも同様の意見だった。彼らは、政府基金がすべての野生動物による被害に補償するという前例を作ることになってしまうかもしれないことを怖れていた。議会がその考えをいくらかでも気に入るなど、私にはとても思えなかった。

私はディフェンダーズに「一度実験をしてみませんか」と提案した。「ブラウニングの牧場主に今回だけの基準を作って補償し、結果を見て、後日恒久的な基金を作るかどうかを決めるんです」。ディフェンダーズの理事会は同意した。

唯一、落し穴があった。家畜の損失に対して支払う三〇〇〇ドルを私自身が集めなければならなくなったのだ。私は寄付してくれそうな人のリストを作り、電話をかけ始めた。反応は圧倒的に良かった。オオカミがしでかした損害に対する財政的な責任を引き受ける、というアイデアを誰もが喜んでくれた。彼らはもう、恰好をつけたり口論したりということには飽き飽きしていた。多くの人が、牧場主の損害に対して補償することが問題を解決する現実的な方法だと確信していた。四八時間のうちに私は金を手にしていた。一九八七年九月、ディフェンダーズは家畜を失った牧場主に小切手を送った。

牧場主に補償することでブラウニングのうわさは終わった。新聞記事は消え、論争は鎮まった。もちろん牧場主への補償金支払いでは、ブラウニングのオオカミたちの命を取り戻すことはできなかったけれども、ロッキー山地の他の地域のオオカミに対する政治の力点を変えてくれた。

一九八七年夏、オオカミをめぐる政治の世界は沸き立っていた。関係部局がブラウニングのオオカミと対決していた頃、公園局長モットは、ワイオミング州選出の議員と激しい小競り合いを繰りひろげていた。八月の初め、魚類野生生物局が承認のサインをしたオオカミ復活計画のその時の結論は、イエローストーン公園には再導入がふさわしいというものだった。サインにより文書が完成したことで、ボールは魚類野生生物局から公園局へと投げられた。

モット局長は、ボールを持つことを厭わないような人物だった。試合の中で三〇回もボールを打ちあったとしても、決して不満を言うことなどなかっただろう。彼はワイオミング州選出の議員たちをさしおいて、イエローストーンへのオオカミ復活の環境影響評価書を準備することが、市民の間の議論のきっかけを作り、冷静に課題を検証する筋の通った方法だと言って、議員たちを怒らせた。連邦法が命じている環境影響評価書の準備作業は、環境に重大な影響を与えるかもしれない《国家的な》プロジェクトに必要とされるものなのだ。

ワイオミング州選出の国会議員たちはこれに対して、八月のうちに、公園局長ウィリアム・モットや内務副長官ビル・ホーン、魚類野生生物局長のフランク・ダンクルと直接対決するために、ハイレベルな会議を要求してきた。ワイオミング州の共和党議員団はレーガン政権内の共和党員に厳しく詰め寄った。イエローストーン公園のオオカミ復活計画は止めなければならない、議員団はそう要求した。モットは、「在来種の復活を支えることは、法で決められた自らの公園局長としての義務だ」と応じて抵抗した。両者は少しの間討議し、それからモットを含む関係当局者はワイオミング州の議員団に対して、彼らの承認なしにはイエローストーン公園へのオオカミ再導入を進めることはしないと約束した。

モットはそれに従わざるをえなかったが、黙ってしまうことはなかった。ワイオミング州の政治家たちとの会合の一週間後、彼はワイオミング州の代表的新聞「カスパー・スター・トリビューン」紙のロング・インタビューを受けた。彼は、イエローストーン公園のオオカミ復活への反対は政治的な動きで、反対理由に科学的な根拠などほとんどないと語った。

「私は、多くの人たちが、オオカミは悪い動物だ、不道徳な動物だ、家畜をすべて食べてしまうといった観念にだまされてきたと思う」とモットは述べた。「私の心の中では（オオカミは）イエローストーンの自然に大きな価値が加わるものであり、生態系のバランスをとることができると考えている。オオカミは驚くべき素晴らしい動物であるだけでなく、西部のシンボルでもある。オオカミの遠吠えを聞けるということが、人々にとっては胸をわくわくさせるような機会になるだろう」

このインタビューは、ワイオミング州の議員団、とりわけ代表である下院議員ディック・チェイニーを激怒させた。彼はモットの上司である内務長官ドナルド・ホデルに、モットを罵倒する手紙をたたきつけた。「ご承知おきいただきたい。ウィリアム・モットが決定したような、政府によるイエローストーンへのオオカミ導入を阻止することも、何もかも私に委ねられているのです」。チェイニーは断言した。「もし彼がけんかをしたいというなら、喜んでお相手する」。チェイニーはその後も闘い続けた。ただし、オオカミ復活に対してではなかったが。一九八九年、ジョージ・ブッシュ大統領が彼を下院から引き抜いて国防長官にし、チェイニーは「砂漠の嵐作戦」のリーダーシップで国民的な名声を得ることになった。

チェイニーは後にサダム・フセインを攻撃したのと同じように、モットを攻撃した。短期的にはひどい影響があったが、長期的に見ればそれほど大したことにはならなかった。チェイニーの反オオカミのミサイルは、ドナルド・ホデルのデスクを直撃した。次の日、きつい圧力を受けてモットは報道機関に対して誤解があったことを謝罪し、イエローストーン公園のオオカミ復活は、公園局がワイオミング州の議員団に承諾を得るまで「保留」だ、と発表することになった。

一方、魚類野生生物局長のフランク・ダンクルは、ワイオミング州議員団に取り入り、みごとな政治家操縦術でメンバーを眩惑した。九月にモンタナ州の林業関係者へのスピーチで、新たに承認されたオオカミ復活計画書を実施するつもりはないと発表した。彼はそのような計画は「無謀だ」

と評し、イエローストーン公園へのオオカミ再導入を支持しないとも述べた。ちょうど一ヵ月前、彼自身がトップを務める役所がイエローストーン公園へのオオカミ再導入を強く推す復活計画を承認したことを、問いただす人はいなかった。

ダンクルは次に、ワイオミング州で地方巡業を展開した。ワイオミング羊毛生産者組合で話をしたのだ。彼は、牧羊農家たちやワイオミング州の政治家たちがまさに聞きたいことを話した。「私がワイオミングに持ち込むオオカミは、このネクタイピンのオオカミだけですよ」と、胸を指さしながら言った。しかし、ダンクルはそれ以上のことも言った。彼は、もし議会がイエローストーン公園にオオカミを再導入させる法律を通過させるなら、法の執行を遅らせるために官僚としてのあらゆる手段を使うと約束した。「お役所仕事にかかったら、グレイシャー公園にいるオオカミがイエローストーンに広がってきても、まだ事務手続きが残ってるでしょうよ」と彼は言った。

「カスパー・スター・トリビューン」紙のコラムニストは、ダンクルが牧羊農家の前で演じた行動について、こう評した。「もし彼がオオカミだとしたら、彼は牧羊農家の鼻面を舐め、転がって腹を見せ、おしっこをして見せたようなものだ。それが服従を示すしぐさだと誰にでもわかるように」

ワイオミング議員団が全体を支配していた。モットは沈黙し、ダンクルはごまかしていた。畜産業界はブラウニングの事件で怒っていた。イエローストーン公園のオオカミ支持派にとっては最悪の時だった。そんな一九八七年九月の最後の日、私は新聞記者から驚くべき電話をもらった。ある下院議員が議会に提出した法案について、コメントしてほしいと言われたのだ。その法案は、内務長官に対してイエローストーン公園へのオオカミ再導入を三年以内に実現せよ、とするものだった。

私は仰天した。ワシントンDCの数々の議員事務所のドアをたたいてきたが、そのような法案を提出するような大胆な人には会ったことがなかった。ユタ州選出の下院議員ウェイン・オーエンスがその法案の立案者だった。彼は国立公園に責任をもつ下院内務委員会のためにイエローストーンを視察した。そこで最近、ワイオミング州の議員団がどうやってモット公園局長とイエローストーン公園のオオカミ復活をつぶしたかを知った。「私はワシントンに帰る飛行機の中で考え始めたんです。『もし彼らが政治の力で止めることができるというなら、私も同じように政治の力でもう一度始めることができるかもしれない』。それで私は法案を提出することを決めたんですよ」と、オーエンスは後に私に語った。

ワイオミング議員団のメンバーは心穏やかではなかった。この無礼な議員は明らかにゲームのルールを理解していなかった。「ワイオミングのことは自分たちで心配しよう」と、チェイニーは「カスパー・スター・トリビューン」紙に語った。彼は、「ワイオミング議員団はグレートソルト湖《レイク》にサメが再導入されるのを見るはめになるかもしれないな」と皮肉った。オーエンスは、新人議員らしいすがすがしいほどの単純さで応酬した。「イエローストーンはワイオミングのものではない。私たちみんなのものだ」

最大の災難の真っ最中に、最も重要な突破口が開けた。一九八七年九月、ウェイン・ブルースターはヘレナ事務所の椅子に座っていた。（魚類野生生物局の絶滅危惧種事務所は、一九八三年にビリングス市からヘレナ市に移転していた。）ブラウニングの災難の後始末がまだいくつか残っていた。そこに局長ダンクルが足を踏み入れた。ヘレナ市は彼の故郷なので、ダンクルがブルースターを訪ねることは珍しいことではなかった。だが、彼はドアを閉め、「オオカミについて話したいんだ」とブルースターに言った。

ブルースターは最悪のことを予想し身構えた。オオカミ復活支持への厳しい叱責だろうか。だが、ダンクルは代わりに、いつものように謎めいた質問をした。「もしモンタナ州でオオカミを適切に管理するとしたら、君なら何をする?」

ブルースターはそっけなく答えた。経験のある人材を雇い、オオカミを捕獲する道具を購入する。もう一年も前からそう言って、そのために使う予算を申請してきたが、まったく通らなかったので彼は諦めていた。

「それにはどのくらいかかるんだね?」ダンクルは尋ねた。

「およそ二〇万ドルです」。ブルースターは、すでに何回か申請していることも付け加えた。「あなたに言っておきたい」とダンクルは言った。「もう一度その申請を出しなさい」。ブルースターはそうした。するとすぐに金がおりた。道具を購入し、魚類野生生物局のオオカミ復活チームを作れるだけの金を手にしたのだ。

ダンクルはなぜオオカミ復活のための資金を出したのだろうか。彼があいさつの中でよく力説したのは、「連邦魚類野生生物局はモンタナ州北西部での家畜被害問題を解決しなければならず、それができて初めて、誰もがオオカミ再導入を考えることができるようになったのだ」ということだった。ブルースターは「ダンクルにとっては資金を出すことが、自分の論理の総仕上げだったのかもしれない」と分析した。

いつも抜け目ないダンクルは、おそらくこの時もまた、私や他の人よりもはっきりと政治的状況が読めたのだ。モンタナ州へのオオカミ復活計画を実効性のあるものにしたことが、イエローストーン公園へのオオカミ再導入が受け入れられるために決定的だった。

最悪の夏は、いくつかプラスの結果をもたらした。ディフェンダーズは補償プログラムを開発した。ダンクルが金を出す気になり、その金がエド・バングス〔次章参照〕を雇うことになって、魚類野生生物局がイエローストーン公園へオオカミを復活させる結果を最後にもたらした。そして公園へのオオカミ再導入を要求する初めての法案が提出された。

この一連の足踏みがあったにもかかわらず、市民のオオカミ復活への支持は強いままだった。保守的な有権者が主にビジネス上の関心から支援しているモンタナ大学の経営経済研究部門は、「グレート・フォールズ・トリビューン」紙上で、オオカミに関するモンタナ全州民へのアンケートを行った。ブラウニング事件があったにもかかわらず、モンタナ州民の三分の二が、オオカミはモンタナ州に必要だと信じていると答えていた。実際、ほとんどの人がモンタナ、アイダホ、イエローストーン公園にオオカミは再導入されるべきだ、と答えたのだ。

結局、この夏はそれほど悪くはなかったのかもしれない。

10 オオカミは面白い

「生物学者には、それぞれに独自の姿勢があるものだ」。一九八八年、連邦魚類野生生物局のモンタナ州におけるオオカミ復活事業のリーダーとしてエド・バングスを雇い入れたとき、ウェイン・ブルースターはそう感じた。バングスは楽しげな遠慮会釈ない態度で仕事にのぞみ、ばかげた質問にはどれもてきぱきと回答した。彼は精力的に、熱意をこめて、耳目を引く論争に人々を好んで引っぱりこんだ。バングスは、怒った牧場主や理屈っぽいハンターと話すのが大好きだ。興奮や難題が彼の得意分野だからだ。

当時、州や連邦のほとんどの当局は、オオカミをまるで伝染性の高い病気のごとくに扱っていた。可能なら防止すべきだが、広がってしまったら陳謝するだけといった当局の保身第一の姿勢を修正することが、バングスの最初の仕事だった。「オオカミは面白いな」、彼は会う人ごとにそう語りかけた。「仕事を楽しもうぜ！」論戦に凝り固まった当局の生物学者たちは、バングスを異世界から飛んできた荷物か何かのような目で見た。彼は気にしなかった。自分の意図を強調するため「オオカミは面白い」と書かれたTシャツもこしらえた。

「オオカミを取り戻すことを、なぜ謝らなければならないんだい？」と彼は言った。「野生動物を扱う当局は、合衆国西部の本来の生息地にエルクやオオツノヒツジを復活させることに大いなる誇りをもって当然だろ？　オオカミの復活についても、同じ誇りを持とうじゃないか。オオカミは注目に値する、魅力的な動物だよ」

バングスの熱意は仲間意識と協力関係を目覚めさせた。彼はまるで老犬に遊びをせがむ子犬のようだった。仕事仲間たちに、野生動物に関係する役所で働くことの面白味を示して見せた。彼は機会をとらえてはうまいジョークや皮肉を飛ばした。その標的は、彼自身だったり、魚類野生生物局自体だったりすることもよくあった。

彼はすべての関係当局が、オオカミが人間に与える影響についてピリピリしすぎだと考えていた。「オオカミは人を襲わない」と決まって彼は言った。「オオカミがいても土地の利用制限は生じない。経済にも影響しない。家畜は食べるかもしれないが、ほんのちょっとだ。とにかく彼らは魅力的だし、みんながオオカミを好きになる。オオカミは野生のシンボルになる」。バングスは森林局、公園局、そして魚類野生生物局に、少し肩の力を抜くようにと勧めた。「オオカミなんて、たいしたことじゃない」、それがバングスお決まりのフレーズだった。

なぜ人々がオオカミを、ピューマを見るような感覚でとらえることができないのだろうとバングスは考えた。「モンタナ州にはたくさんのピューマが棲んでいる」と彼は指摘する。「ピューマは家畜を殺すことがあるし、シカやエルクをよく獲るし、時には人間を攻撃することさえある。だがモンタナ州ではピューマ撲滅など誰も考えもしない」。ピューマと何十年ものあいだ共に暮らしてきた西部の人々は、この大型のネコ科動物を景観の構成要素の一つとみなしている。「ピューマを見つけたとき、殺してやろうと三〇口径ライフルを取りに駆け出したりしないだろ?」とバングス。多くの人々にとって、ピューマを一目でも見ることは生涯残る思い出であり、子牛やシカの損失が生じたとしても、それだけの価値があることだ。

バングスは人間とオオカミに関して幅広い経験をもっていて、北部ロッキー山地で直面する難題に取り組む適任者だった。彼はアラスカ州のケナイ国立野生生物保存地域で生物学者として一三年間を過ごした。ケナイ半島のオオカミは猟師によって一九〇〇年代初頭には根絶されていたが、一九六七年から再定着を始めていた。初めのうちゆっくりと増加したオオカミは、いったん五〇頭ほどになると急に増えだした。

ロイヤル島の初期の研究者の一人でもあるロルフ・ピーターソンが、ケナイ半島に戻ってくるオオカミを研究したが、バングスはオオカミを捕獲し発信機をつけることで研究の手助けをした。彼はとらばさみ(足挟み罠)を用いたり、ヘリコプターから麻酔の吹き矢を撃ったりして八〇頭以上のオオカミ捕獲に携わった。オオカミと長く付き合っているにもかかわらず、バングスはオオカミに特別の愛着をもつことはなかったと言う。「私は動物たちや野生の環境のおかげでこういう人間になったし、私的な生活も職業も、それによって決まってきた」と彼は私に語った。「でも、オオカミが他のどの動物にもまして自分にとって重要だということはないよ。オオカミのもつ不思議な魅力のとりこになってしまうってことも特におきなかった。それにもし、オオカミによる家畜殺しといった問題が生じて解決のためにオオカミを殺さなくちゃいけないとしたら、そのことに良心の呵責は感じない」

バングスが仕事を引き受けた頃の連邦魚類野生生物局のオオカミ復活事業は、論争の真っ只中にあった。いざこざの解決に取り組むのが大好きな人物にとっては、まるでお祭りの真っ最中のようなものだ。州や連邦の他の関連機関も一般大衆も、連邦魚類野生生物局のオオカミ復活計画を好ましく思っていないか、または理解していなかった。もしオオカミが問題を起こしたら、連邦魚類野生生物局がオオカミを駆除するかどうか、他の機関は確信をもっていなかったし、社会のなかの特定の階層の人々は、大事な土地の利用が制限されることを危惧していた。

連邦魚類野生生物局とモンタナ州魚類野生生物公園部は、絶滅危惧種の管理をめぐっていつもおおっぴらにつまらない諍いを続けていた。連邦魚類野生生物局は、他の機関とも、同様に信頼関係に問題を抱えていた。ブラウニングのオオカミの大失敗以降、連邦魚類野生生物局と獣害対策本部の職員は互いにほとんど会話することもなくなっていた。連邦魚類野生生物局のオオカミ復活への努力は、まるで水がもれている小舟だった。

バングスが最初に出した指示は、連邦魚類野生生物局をオオカミ情報の信頼にたる発信源にすることだった。彼はオオカミ復活の巡回キャンペーンを展開し、森林局、ロータリークラブ、自然保護団体、州の野生生物関連の事務所、そのほか人を集めることができてスライド投影機の差込口があるところならどんな場所にも出かけて行った。一九八八年から九二年までのあいだに、バングスと連邦魚類野生生物局の職員は、一万四〇〇〇人近い人々に対して三〇〇回以上の説明会を行なった。

バングスは、愉快な話術と一目で聴衆を見きわめる技をもっていた。自然保護団体に対しては、家畜を襲うオオカミは殺すか移動させることが必要だと力説した。畜産農家の集まりでは、オオカミと家畜の軋轢はまれであること、しかもその回数をさらに減らす方法があることを強調した。

ある夜のこと。バングスはモンタナ州の北西の端にある小さな林業の町ユリーカにいた。聴衆はタバコ・ヴァレー拳銃猟銃クラブ、つまり地元の狩猟愛好家グループだ。「役所の男がオオカミについて話すために街に来ただと？」そう言えばもう、どんな事態になるかわかるだろう。

集会が始まる前に、白髪まじりの地元住民が会場の前の方に進み出て、演壇の上に古ぼけた本をぴしゃりと叩きつけた。一九〇〇年代初頭から刊行されていた『オオカミとコヨーテの罠かけと毒殺方法』。これは連邦生物調査局のヴァーノン・ベイリーによる初期の大作だった。

するとバングスは本を取り上げ、ゆっくりとページをめくり、静かにぶつぶつ呟きながら終わりまで見ていった。「……いやー、読んじゃいましたよ」と彼は言った。「これは面白いですねぇ。たぶん今まで読んだことがなかったと思います」。時代錯誤なあの男がバングスをバカにしようとしたので、彼もからかってやったのだった。

「あの男は私を試していたのさ」と、のちにバングスは私に語った。「彼は『おれたちをひどい目に合わせてみろ、このあたりのオオカミをすべて殺してやる』とも言った。私のことを、オオカミを殺すと言えば我を忘れてわめきだすような自然保護の運動家なんだろうと期待していたんだ。だから私は、これまで自分はたくさんオオカミを殺してきたし、それはべつに大したことじゃないってことを話した。それよりも、オオカミを殺すと多額の罰金があるのはご存じですよね、だからそんなことはしない方がいいと思いますけどって言ってやったのさ」

バングスは公有地や野生動物を管理する関係者の会議にも、こうした《オオカミについての現実問題》方式を取り入れた。モンタナ州で開かれた州政府と連邦政府の役人たちの会議に、カナダ・アルバータ州で魚類と野生生物に関する部局の肉食獣を専門とする生物学者ジョン・ガンソンを招いたことは、驚きをもって受け止められた。ガンソンは法と秩序に厳しいオオカミ専門家という評判だった。アルバータ州のオオカミ個体群は重要なものだが、カナダ人はオオカミを殺すことに尻込みすることは決してないのだった。ガンソンは、モンタナ州にオオカミを復活させることを強く主張した。だが、彼は家畜業界と狩猟愛好者からオオカミ支持をとりつけるには、筋道立った政策の一貫性と完全履行が欠かせないと力説した。このような現実的な視点をもった人物を招いたことなどで、バングスは州政府の役人たちに気に入られた。

連邦魚類野生生物局とモンタナ州魚類野生生物公園部との軋轢は、オオカミと人間の軋轢よりももっと根深かった。州の役人は、一九七五年にグリズリーが絶滅危惧種のリストに載って以来ずっと、この種をめぐって連邦魚類野生生物局と反目しあってきた。クロアシイタチの回復も軋轢の種になった。正直なところ、州はけんか腰だった。ほぼすべての絶滅危惧種問題は、野生動物管理に関する州の権限をめぐっての縄張り争いにすぎなくなっていた。州当局はふつう、渡り鳥をのぞく州内のすべての野生動物を管理する。ガン・カモ類は州の境も国境も越えて移動するため、各州政府は連邦政府の管理が機能することを容認してきたが、州の野生動物関連の当局は、そうした種にさえもあえて緊密に関与しつづけてきた。一九七三年の絶滅危惧種法は、この力関係を変えたのだ。この法は、危機にある種や絶滅が危惧される種に対して連邦魚類野生生物局がまず第一の責任をもつ権限を与えた。議会が法律を審議しているときには、ほとんどすべての州政府が反対していた。西部各州が抵抗を主導し、モンタナ州はその中でも最も声が大きかった。

バングスが着任したころの数ヵ月間はまさに、モンタナ州で州と連邦政府組織との信頼関係が最悪のときだった。モンタナ州魚類野生生物公園部の部長K・L・クールは、絶滅危惧種の会議の席で激怒し、連邦魚類野生生物局のモンタナ州事務所主任だったケンパー・マクマスターをオフィスから文字通り蹴り出した。

バングスのやり方は違っていた。彼は、クール部長のような自分より地位が上の人々に影響を与えることはできないとわかっていた。彼らが反応するのは主に政治的な圧力だからだ。バングスはかわりに、州の野生生物関連当局の職員たちに情報を流すことに力を注いだ。彼らは、オオカミが復活したあかつきにはその近隣に住み、そこで働くことになる人々だ。狩猟監視員、生物学者、情報窓口担当、秘書、保守管理担当者といった人々が、地域の重要なオピニオンリーダーになるとバングスは認識していた。そのため、一九八〇年代後半を通して、モンタナ州が公式の態度としてはオオカミ回復について傍観主義を貫いていたにもかかわらず、州の職員の多くが非公式ながら重要な役割を演じた。バングスは情報を与える方式にとどまらず、獣害対策本部とともに獣害防止を改善するという直接行動をとった。彼は、捕食者駆除を担当する部局の代表者をオオカミ会議に招き、連邦魚類野生生物局のオオカミ管理計画の最終版への助言を求めた。もっとも多く話をしたのは、獣害対策本部のヘレナ地区管理官カーター・ニーメイヤーだった。

ニーメイヤーは獣害対策本部の変り種だった。彼が所属する組織の罠猟師のほとんどは、実地経験は多くても正規の教育は受けていない。だが彼には、両方があった。野生動物管理学の修士号をもっており、罠猟は九歳の頃からやっていた。所属する当局の中で尊敬されていて、改革者と目されていた。彼はしきりに「獣害対策本部はもっと専門的に、科学的にならなければならない」と周囲に勧告していたけれども、流れる血液型は《ＡＤＣ（アニマル・ダメージ・コントロール）型》と言ってしまえるほど、この組織に同化した人間だった。

戦友のように、バングスとニーメイヤーは強固な信頼関係を築いた。一九八九年秋、バングスは最初の重大局面を知らされた。モンタナ州北西部カリスペル市にほど近いマリオンという小さな村の郊外で、オオカミたちが一頭の子牛を殺したのだった。その日のうちにバングスとニーメイヤーは現場を訪れた。

彼らはチームとして有能だった。ニーメイヤーはモンタナ州西部のたくさんの牧場主と知り合いだった。畜産農家はたいてい州政府を嫌うものだが、それでも彼らは、誠実で真心のあるニーメイヤーには敬意を払っていた。そこで彼らはバングスにも同じように接した。バングスの友好的な姿勢はじきに牧場主たちの心をとらえた。

バングスはオオカミの捕獲方法を知っていた。ニーメイヤーはいろいろな動物の捕獲方法を知っていたが、オオカミについてもすぐ覚えた。バングスはまた、重要なオオカミ捕獲技術をアラスカから北部ロッキーへもたらした。麻酔の吹き矢とヘリコプターだ。オオカミの一頭に発信機をつければ、生物学者は家族群《パック》の位置をいつも知ることができ、オオカミたちを捕獲できるようになる。ヘリコプターは金がかかるが、空からの力を利用すれば、あのブラウニング事件も数日で解決できたにちがいなかった。マリオンでは、バングスとニーメイヤーは他の魚類野生生物局の生物学者の助けも得て、成獣二、幼獣二の計四頭のオオカミを捕獲し、グレイシャー公園へ移動させた。

問題を起こしたオオカミたちは、しばらくはそこに留まっていた。うち三頭はそのあとほどなく死んだが、四頭目（成獣のメス）は生き残り、やがてミズーラ市の一二マイルほど西、ナインマイル地域で子を産んだ［後出のリック・バス著『帰ってきたオオカミ』で詳述されている］。

マリオンにまだ残っていたオオカミたちが翌年の春ふたたび家畜を襲い始め、子牛を何頭か殺した。この出来事は二年半前のブラウニング事件と同じように集中的に報道に取り上げられ、オオカミ・ヒステリーを巻き起こした。メディアの関心は、「ウルフ・アクション・グループ」という動物愛護系の団体が登場して連邦魚類野生生物局のオオカミ捕獲の努力を邪魔し始めたことで、俄然高まった。グループのメンバーはすべてのオオカミ殺しに反対し、一頭でも良いからオオカミを救えたらと、バングスとニーメイヤーが展開した罠かけラインを見て回った。

皮肉なことだが、この団体の行為は反対の効果をもたらしたと言えるかもしれない。バングスは、残っているオオカミはすべて罠で捕らえ、発信機をつけてグレイシャー公園に放そうと計画していた。だが罠かけは失敗し――活動家の邪魔のせいもあるし、悪天候のせいもあった――バングスはニーメイヤーに、次のオオカミは可能なかぎり吹き矢で狙ってみて、もしだめなら殺すよう指示した。吹き矢を撃てる距離までヘリで近づく作戦がとれなかったため、ニーメイヤーはそのオオカミを殺した。この出来事で家畜殺しは止んだ。

ディフェンダーズ・オブ・ワイルドライフの理事会は、ブラウニングの牧場主たちに補償する試みが成功した後に、恒久的なオオカミ補償基金（基金の目標額は一〇万ドル）の創設を認可していた。ディフェンダーズは家畜をやられたマリオンの牧場主四人に、乳牛二頭と子牛一三頭の代金、総額およそ五五〇〇ドル（市場価格だ）を支払った。この時も、補償金が沈静化に効いたようだった。

マリオンの一件は、ブラウニングの場合よりもよい結果に終わった。バングスとニーメイヤーが去るときには、地元の牧場主たちは満足していた。問題は解決し、家畜の損失は補塡された。今後オオカミを見かけたら撃ってやるぞ、と新聞取材に語る者は誰もいなかった。連邦魚類野生生物局や州の獣害対策本部に対して不満を言う者もほとんどおらず、「魚類野生生物局は、今後起こるかもしれないオオカミの家畜被害に迅速に対応してくれるのか」と問う者もいなくなった。

この管理体制は、モンタナ州で数を増やしていた他のオオカミ家族群（家畜被害を出していない群れ）に、生き残るチャンスを与えることにつながった。魚類野生生物局のデータによれば、偶発的な死亡があるにもかかわらず、州内のオオカミ個体群は少なくとも年に二〇パーセント増加していた。この結果は、魚類野生生物局がついに信頼に足る対応方法を用意できたことを示していた。

魚類野生生物局が難しいオオカミ問題を解決していたにもかかわらず、オオカミ戦争《ウルフ・ウォーズ》は止まなかった。全米野生生物連合のトム・フランスと私は、新たな重要人物ルネ・アスキンスを味方に得た。彼女はすでにオオカミ復活チームに関係していて、「オオカミと人間」展にも関わっていたが、イェール大学で野生動物生態学の修士号を取得してワイオミング州に戻ってきた。一九九〇年、彼女は正式に「オオカミ基金」を発足させた。この団体の使命はたったひとつ、イエローストーン公園にオオカミを復活させることだ。彼女はすぐに、地域での講演活動と全米向けのメディアキャンペーンを開始した。

もちろん、オオカミはすでにニュースの種になっていた。賛否両極の過激なグループが反目しあっていたが、メディアは論争の中身までは把握していなかった。「環境保護活動家」対「牧場主たち」――これはまるで西部開拓時代、人々が対決のスリルを楽しむためにひとつの闘技場にクマとバイソンを入れて闘わせた、そんなエンターテインメントの現代版だった。

ジョン・リルバーン率いる過激なウルフ・アクション・グループは、牧場主たちにとっては悪夢のような存在だった。メンバーはただのオオカミ好きではなかった。彼らは牛を嫌っていて、公有地から一掃したいと考えていた。彼らのことを危険人物だと考える牧場主たちもいた。ウルフ・アクション・グループは、自然保護のためならエコ・サボタージュと称する妨害行為も辞さない過激な環境主義グループ、「アース・ファースト！」から派生したグループだったからだ。

アイザック・ニュートン卿の言葉にあるように、すべて作用にはそれを打ち消そうと反作用が働く。ジョン・リルバーンのウルフ・アクション・グループに相当する、悪意に満ちた反オオカミ組織が、トロイ・メイダーの「アバンダント・ワイルドライフ協会」だった。メイダーは、科学ではなく《歴史》に基づいてオオカミを敵視した。『歴史が証言するオオカミについての一二の真実』というタイトルのパンフレットには、こんなびっくりするような見解が載っている。いわく「オオカミは残酷だ――獲物を生きたまま喰らい、苦しませるために放置する」、そして「オオカミは何でも殺す」。私が個人的に気に入っているのはこれだ。「オオカミは昔の開拓者たちの墓をあばいた」。どれも、オオカミについての適切な表現ではない。アバンダント・ワイルドライフ協会お気に入りの格言は「オオカミは自然界の犯罪者」だった。

メイダーは、ワイオミング州ジレットの周辺で育った。そのあたりでは、彼の超保守的な家族が宗教色の強いラジオ局を運営していた。彼の最初の《聖戦》は、同性愛者とエイズ拡大への反対運動だった。短いオツトメの期間を経て、メイダーは自らの真の天命を悟った――オオカミの復活に反対するのだ。

メディアの注目度は高かったけれども、ウルフ・アクション・グループもアバンダント・ワイルドライフ協会も、真剣にとりあうのは難しかった。片方は、抑制の効かない大学出の若造の集まりだったし、もう一方は、憎悪をぶつける対象を必要としている右翼の狂信者だった。どちらにとっても、なすべきことは反対することであり、支援することではなかった。誰かを代弁するのでなく、彼ら自身を語っていた。

ある夜、オオカミ集会を終えて家に帰る車中のことだ。私は、全米野生生物連合の北部ロッキーにおけるオオカミ専門家パット・タッカーと、オオカミ過激派たちについて思いついたことを話し合っていた。「君は、モンタナ家畜生産者組合がものすごく利口なことをやらかすかもしれないって考えてみたことはあるかい?」

「ないわ」と彼女は答えた。彼女には思ってもみない発想だった。

「もし畜産農家がジョン・リルバーンを雇って、彼におかしな服装をさせ、髪をのばすように指示したとしたら、何が起こるだろう?」と口に出してみた。「そして言うんだ。農場の敷地に侵入しろ、政府機関の生物学者を邪魔しろ、あるいは《牛ではなくオオカミを》と書かれたステッカーを牧場主たちのピックアップトラックに貼っていけ。できる限り狂信的になれ、と言う。そしたら誰もが、環境保護活動家は自己中心的で人間嫌いなんだと考えるようになるだろ? そして誰もオオカミの復活を支持しなくなる」

彼女は私の意図を察して微笑んだ。

「でも、私たちの方が一枚うわてよ」とタッカーは言った。「私たちなら、ワイオミング州の小さい町を探し回って適当な人物を見つけるわ。そして彼に、まるで百年前の人のように、バッファローを大量に殺したりビーバーを罠で獲り尽くしてしまうのは良いことなんだって言わせるの」。今度は彼女の方が想像をふくらませた。

「私たちは彼に、本当のことが書かれたものは読ませない」と彼女は続けた。「そして小さな町に行かせて、酒場の情報や世間話で作った反オオカミの演説をさせるのよ。人々は、牧場主というものは自己中心的で野生動物嫌いなのだと思うでしょう。そして誰もがオオカミを応援するようになるわ」

私たちはミズーラ市に戻る車の中でずっと笑いころげていた。

11 謎の宮殿《パズル・パレス》

連邦魚類野生生物局のお偉方が復活計画にようやく署名した今、保護団体にはまた新たな目標ができた。政府の関係当局にイエローストーン公園の環境影響評価書（ＥＩＳ）の準備を始めさせることだ。別に私たちは厚くてわかりにくい文書を読んだり、退屈な役所の会議に参加するのを楽しみにしていたということではない。環境影響評価書は避けては通れないもので、有益でもある。いくつかの環境グループは冬のあいだに会議を開いて、環境影響評価書は公園にオオカミを戻す前には法的に必ず要求されるものだということを確認した。

一九六九年に議会を通過し一九七〇年に施行された連邦環境政策法は、市民や環境に重大な影響があることを実施するときには、連邦当局が環境影響評価書を準備することを求めている。大型捕食者の個体群を復活させることは、まさにこの法律のカテゴリーにあてはまることだ。環境影響評価書が文書として出されること以上に法で重視されているのが、政府の意思決定に市民を参加させる長いプロセスだ。そのプロセスは、次のように進められる。まず当局が、目標《ゴール》を提案し、それを実現するための選択肢を起草する。次にその草案を配布しパブリックコメントを求める。最後に、コメントのなかで市民が提起した課題を関係部局が解決し、最終の環境影響評価書に組み入れる。このプロセスは、関連のある事実や懸念をすべて適切に確実に考慮したうえで、政府当局者が重要な決定をなすようにと設計されている。

連邦の関係当局が環境影響評価書に着手するのには、合衆国議会の承認を必要としない。実際、議会は細かな管理をしようとしないので、承認するなどといったことはめったに行わない。議会は通常、環境影響評価書の作業を当局が始めるかどうかや、いつ始めるかについては、ほぼ完全な自由裁量を認めている。

だが、イエローストーン公園のオオカミに関する環境影響評価書は特別なケースで、ワイオミング州選出の議員団がレーガン政権、後にはブッシュ政権に対し、準備作業の開始に賛成しないよう求めていた。この妨害に対して、自然保護団体ができる唯一つのことは、議会がワイオミング州の政治家の願いを容れないように説得することだけだった。議会には二つの方法があった。単純で直接的な方法は、イエローストーン公園のオオカミ環境影響評価書を作成するための金を用意すること。もうひとつの方法は、環境影響評価書を公園局なり魚類野生生物局なりが始めるように命令する法律を通すことだ。だが、支出を含まない法案というものは、長引かせられるほど廃案の危険も増えていくものだ。

気の遠くなるような挑戦が始まった。一九八八年春、私はスーツの埃を払って、謎の宮殿《パズル・パレス》に向かった。陳情に行く仲間内の用語で、合衆国議会のことだ。多くの保護団体がたくさんの議員事務所を何回も訪ねることで、オオカミへの支援が見込める議員のリストはかなり絞られていた。私たちは議会の地勢というものを知っていた。誰のご機嫌をとり、誰を避けるかということだ。私は最初に、アイダホ州選出の上院議員ジム・マクルーアに会いに行った。

元上院議員フィリップ・ハートにちなんで名づけられたハート上院オフィスビルの三階にあるマクルーア上院議員の部屋に上がっていったとき、私は怖いような気がしていた。仲間の環境活動家の中には、ディフェンダーズ・オブ・ワイルドライフや全米野生生物連合がマクルーアの補佐官カール・ヘイウッドと良好な関係を築いていることを公然と非難するものもいた。私の尊敬するシエラクラブの地域代表が、私にこう教えてくれたばかりだった。「忘れるなよ。基本的なところでマクルーアは我々の味方ではない。彼は我々の票を必要としていないし、求めてもいない。我々を喜ばせたり、幸せにしたいわけじゃないんだ。マクルーアを、オオカミや他のテーマの神輿としてかつぎ上げるべきじゃない。僕に言わせれば、そんなことをするのは、武装もせずに給料でふところをいっぱいにして乗合の幌馬車に乗るようなものだ」

彼は、マクルーアと話し合うことは敵と同衾するも同然と見ていた。しかし同時に、彼も他の保護団体も、マクルーアの確固たるオオカミ復活支持がワイオミング州議員団のきつい口撃を抑えていることもわかっていた。またマクルーアの権力と影響力は、イエローストーン公園とアイダホ州中央部にオオカミを戻すべく働いている公園局と魚類野生生物局の人々を、政治的に守ることにもなっていた。政界を展望している人なら誰でも、ワイオミング州の共和党員でさえ、マクルーアがその地域の議員らのボスだということを承知していたからだ。

補佐官カール・ヘイウッドは一九八八年春に会議を設定し、ルパート・カトラーと私を上院議員の外部事務所へ招いた。カトラーはそのときディフェンダーズの代表だったが、元はカーター政権で森林局を監督する農務省副長官だった人物だ。彼はマクルーアをよく知っていた。彼らはよく自然や国有林管理の問題で角を突きあわせていたのだ。

ヘイウッドは私たちをマクルーアの事務所へ招き入れた。そこで私たち四人の小さな会議が始まった。マクルーアは私たちに、自分は心の底からアウトドアが好きで、バードウォッチングを楽しんできたと語った。「アイダホ州に住む私たちの多くは、他の土地に行けばもっと金儲けができることを知っています」と彼は言う。「しかし、私たちは好きでアイダホ州に住んでいる。自然に親しむライフスタイルを選択しているのです」

それは彼の本音のようだった。私が肩に力を入れて会おうとしていたマクルーアは、脅し文句をがなりたてるような、ダース・ベイダーのような政治家ではなかった。彼は本当の紳士だった。とても礼儀正しく、自分が語るのと同じくらいよく人の話を聞いた。議会人名録の伝記には、政界に入る前は地方の法律家だったと書かれているが、当たりの柔らかい礼儀正しいマクルーアは、どこから見てもそう見えた。彼はまた忙しい人物でもあったので、私たちも雑談は短めに切り上げた。

私はマクルーアに、アイダホ州中央部とイエローストーン公園のオオカミ復活への支援に感謝していること、しかしながら他の西部の議員たちがオオカミ復活の進捗を遅らせ続けているのに困っていることを伝えた。また、我々ディフェンダーズはこの問題を進展させるためにどうすべきか、と尋ねた。

彼はこの質問をすでに十分に考え抜いていた。「人間と動物の軋轢が小さいところに割く努力は、最小限になさったほうがよろしいでしょう。そして復活ゾーンの外側で起きるトラブルにこそ、積極的に対処されるべきです」。彼の意見にまったく異論はなかった。

彼はさらに説明した。「つまり復活地域には、グレイシャー公園やイエローストーン公園、アイダホ州中央の原生地域のような、放牧が少なく、したがって直接的な軋礫の可能性が少ない地域が選ばれるべきだという意味です」。私は彼が問題を正しく理解していることに感心した。

彼はブラウニングの近くで前年に起きた家畜被害の解決が長引いたことに懸念を示した。「もしイエローストーン公園近くの牧場主にオオカミ再導入を受け入れてもらいたいなら、公園の外へ出てきたオオカミが問題を起こし始めたときには、自分の家畜を保護できることを牧場主に知ってもらわなければなりません」。彼はディフェンダーズがブラウニングの畜産農家に損害を補償したことをほめてくれた。

マクルーアが挙げた障害はどれも、克服できないものではなかった。私たちは彼に、それらの懸念はすべて絶滅危惧種法（ＥＳＡ）の中の実験個体群という条項で対応可能だと説明した。その条項によって各地域に合うようにオオカミ復活計画を変えて実行することができる。環境影響評価書を通じてそうした計画を作っていくことが、最良の道だと彼に提案した。来年（一九八九年）にイエローストーン公園のオオカミ環境影響評価書を始めるためには、公園局の試算では、およそ二〇万ドルが必要だということを話した。

マクルーアは、言質を与えなかった。彼は絶滅危惧種法の考え方を支持してはいたが、この法律をたてにとる人々との問題も抱えていたのだ。「私はこの法律が、市民が絶滅危惧種を保護するためだけでなく、別の目的を実現するための道具にされてしまうかもしれないことを心配しているのですよ」

彼は、テネシー川におけるスネイルダーターの問題を取り上げた。「保護団体がテネシー川のテリコダム建設に関心を持つのは当然でした」とマクルーア。川沿いの主要な農地は底に沈んで失われるし、建設計画の経済的な利益には疑問があった。しかし、保護団体はそれらの問題を優先しようとはせず、スネイルダーターという魚の問題にしたのだ。「スネイルダーターは、その地域に特有の種ではありませんでした。その後、他の多くの場所でも見つかっていたのです」と彼は言った。マクルーアは、北部ロッキーでも環境活動家が同じように、他の政策課題の追及にオオカミを使うのではないかと心配していた。彼はカトラーと私に、二ページのオオカミ再導入の提案書を手渡し、それを持ち帰ってざっと目を通してほしいと依頼した。

帰り際に私は、マクルーアに最後の質問をした。彼を不快にさせなければ良いが、と願いつつ。「正直に言います。私たちの協力者たちのほとんどは、あなたを味方とは見ていません。彼らは、なぜあなたがオオカミ問題に関わるようになったのかを知りたがっています。あなたの本当の動機は何でしょうか」

彼は心得顔で微笑み、そして答えた。「すべてはバランスですよ。バランスが必要だと気づいてしまったこと、それと、対立は何も解決策を生まないだろうということ。後ろ向きの対立が始まってしまった問題に解決策を見つけること——私が本当にやってみたいのはそれなんです」

私の友人たちは疑い深いから、この答えでは満足しないだろうとは思ったが、その会議は実り多いものだった。三州の他の議員は誰も、民主党も共和党も、北部ロッキーにオオカミがいるべきだと口にすることさえしなかった。野生動物政策の旗振りをするはずの当局者、すなわち連邦魚類野生生物局のフランク・ダンクル局長は、イエローストーンへのオオカミ再導入を妨害することを誓約していた。対照的に、マクルーアは私たちに、イエローストーン公園とさらにアイダホ州中央部へもオオカミを再導入する具体的な提言書を手渡したのだ。これは画期的な出来事だった。保護団体は、オオカミがアイダホに自然に戻ってくることを想像していたが、イエローストーンのようにアイダホ州にもオオカミを再導入することまではまったく考えていなかった。マクルーアは、その点に関しては私たちの先を行っていた。

しかし、マクルーアの提案にはいくつか致命的な欠点があった。最も異議のあるところは、再導入が行われる前に、議会がオオカミを絶滅危惧種のリストからはずすことを要求していることだった。これは前例のないことで、しかも絶滅危惧種を復活させるために注意深く設計され一五年間積み上げられてきた、重要なプロセスを否定するものだ。絶滅危惧種法という野生動物保護に重要な法律をひっくり返すようなことに保護団体は決して賛成しないだろうと、私は思った。しかしマクルーアは、計画がまず受け入れられるために、ドアだけは開けておこうとしている。私たちは今はもう、オオカミが北部ロッキーに「いるべきかどうか」という硬直した議論に時間をかけるのではなく、この種を「どうやったら復活させられるか」を論じようとしていたのだ。保護団体の中には、この変化を進歩だと理解しないものがいることは明らかだったが、オオカミ復活は、重要な議論の入口に立っていたのだ。

次にカトラーと私は、ユタ州選出のウェイン・オーエンスを訪問した。彼は前年の秋、イエローストーン公園のオオカミ再導入を要求する法案を提出した人物だ。彼はオオカミに精通し、あふれるような熱意があった。かなり多くのオオカミの本を読み、最近ではミネソタ州にデイヴ・ミッチを訪ねて、複雑なオオカミ管理について学んでいた。ミッチは私に、オーエンスは、彼が会った中でも最も研究熱心な人物のひとりだと語った。彼は好ましい政治家だった。彼は物事をはっきりと言い、現実的で、断固としていた。

「私が去年、単独で法案を提出したのは、イエローストーン公園のオオカミ再導入に国民的関心が強いことをワイオミング州議員団に警告するためだったんです」とオーエンスは認めた。「次の法案はもっと実質的なものにしますよ」。私たちはその戦略について話し合った。カトラーと私は、立法することで必要性を示せるなら、イエローストーン公園のオオカミ環境影響評価書を一定期間内に準備せよと単純に公園局に対して命令するだけの法案はどうだろう、それなら保護団体の多くが賛成するだろう、と勧めた。私たちは、公平で開かれたプロセスでこそ市民は「オオカミが公園にいるべきだ」と納得するのだと確信していた。だから、オオカミ再導入を命令するような特別な立法は必要ない。結局これこそが私たちの、マクルーアの提案に対する「ノー」の回答だった。マクルーアの提案では、現在ある法律、すなわち全米環境法と絶滅危惧種法の抜け道を見つけるような、特殊なやり方をとらざるをえなくなる。だが私たちは、これらの法律と、そして公平な機会こそがマクルーアの懸念もすべて払拭するものだと考えていた。オーエンスもそれには同意した。

次に、カトラーと私はニール・サイモンを訪ねた。彼はイリノイ州選出の民主党下院議員シドニー・イェーツの補佐官だ。イェーツは下院内務歳出小委員会議長で、サイモンは「事務官」という控えめな肩書きに似合わず、国内の誰よりも公園局と魚類野生生物局の予算に影響力があった。予算申請を組み合わせ、小委員会が検討する優先順位をつけていたのが彼だった。

サイモンは謎めいた人物だった。私が話をしている間、彼がイエローストーン公園のオオカミ再導入について知っているかどうか、関心があるのかどうかすらも分からなかった。彼は心の動きを見せず、注意深く聞きとり、ノートを取り、ときおり鋭い質問をした。私がイエローストーン公園のオオカミ環境影響評価書に対する二〇万ドルの支出見込みを強調したときも、彼は慎重な返事を返してきた。唯一、前向きな態度が見られたのは、面会の最後に「ワシントン環状道路の外側の人からお話が聞けたことに感謝します」と言ったときだった。彼は最後に、下院議員、特に内務歳出小委員会のメンバーから、イェーツ議長にあてて二〇万ドルを要請する手紙を書いてもらうようにとアドバイスしてくれた。

私たちはアドバイスに従って、何通かの手紙をイェーツのデスクに届けた。この年〔一九八八年〕の六月には、下院はイエローストーン公園のオオカミ環境影響評価書の作業を開始する二〇万ドルの支出法案を通過させた。保護団体は狂喜した。

次に続く出来事は、毎年のように繰り返される秋の儀式だった。マンガ『ピーナッツ』でよく見るように、ルーシーがサッカーボールをセットしてチャーリーが蹴ろうとすると、次の瞬間ボールを取り上げてしまうというあれだ。

上院版の歳出法案には、イエローストーン公園のオオカミ環境影響評価書の支出は入っていなかった。上院版と下院版の法案が同じではなかったため、両者の代表で構成される検討委員会が徹底的に検討して妥協案を出した。歳出検討委員会での駆け引きは激しいものになることがある。ダムや異人種交流センターが、魚の孵化場や野生動物の保護区の追加と交換されたりしかねないのだ。ワイオミング州の議員団は、イエローストーン公園のオオカミ環境影響評価書予算に対し反対運動を精力的に行っていたが、歳出委員会のメンバーが一人もいなかったので影響は限定的だった。一方、アイダホ州選出のマクルーアは委員会の序列上位であり、すべて自分の思うままにできた。マクルーアは、ワイオミング州の政治家たちの懸念に応じて、下院小委員会議長イェーツとともに妥協案を作った。すなわち、議会は環境影響評価書には支出しない。だが、オオカミ再導入が大型狩猟対象動物や、グリズリー、家畜、そして地域経済に与える潜在的な影響について、公園局と魚類野生生物局に調査させるためのおよそ二〇万ドルを、支出することにしたのだ。これらの調査は後にひとまとめのタイトル『イエローストーンにとってオオカミとは?』で知られるようになった。法案には、議会の見解を詳細に記した小委員会報告が付帯されていた。その中で、委員会のメンバーは断言した。「イエローストーンにオオカミが帰還することは望ましいことだ」

公園局と魚類野生生物局の主要な担当者たちは喜んだ。小委員会報告書はイエローストーン公園へのオオカミ再導入を議会が支持していることをわかりやすく説明しており、かつワイオミングの政治家の激しい攻勢を防御するための言葉が選ばれていた。当局の担当者の中には、議会がオオカミ調査に着手したことは、環境影響評価書の作業を始めたも同然だと見る者もいた。

保護団体は決して喜んではいなかった。これは実質的勝利というよりも、観念的な勝利に思われた。オオカミ支持派の多くはこれを、古典的な引き延ばし策とみた。何かを《実行する》のではなく《調査する》のだ。オオカミは、北米ではすでに最も調査されている動物の一つだ。議会は本当に、オオカミがイエローストーン公園にどんな影響を及ぼすのかという特定地域の情報を二〇万ドルも費やして得る必要があるのか？　私にはそうは思えなかった。

イエローストーン公園のオオカミ復活の議論は、科学ではなく、その価値があるかどうかの問題に集中した。西洋史家J・フランク・ドビーは、かつてこう述べた。「科学がすべての疑問に答えを見つけられると期待しているなら、それはまったく何も見えていないというものだ」。疑問を玉ねぎの皮を一枚ずつむくように解いていけば、核心が明らかになる。つまり、人々は捕食者のヤツと土地を分け合いたいと思っているのかどうかということだ。一方の極論は、まずは人間を優先すべきだと言うだろうし、もう一方はオオカミが重要だと持ち上げる。科学だけではその中間点を見つける助けにはならないのだ。解答は必然的に政治的になってくる。

オーエンス下院議員は一九八九年五月、二年以内に公園局がイエローストーン公園のオオカミ環境影響評価を完成させるよう命令する法案を提出した。その法案は、支持を再結集しオオカミ復活への見通しを良くする重要な原動力になった。だが、続いておきたことは、ひどい映画をもう一度観に行くようなものだった。

ティム・カミンスキー（一九八〇年代初めには、オオカミ復活チームと緊密に連携してアイダホ中央部のオオカミの状況について調べていた）は、今はオーエンス議員の立法アシスタントとなり、野生動物学者として保護団体や自然資源関係当局、他の議員スタッフらの情報源になっていた。彼は常にオオカミの財源を確保するよう努力を続け、オーエンスがイエローストーン公園のオオカミ復活で世間の注目を浴びる機会をつくった。特筆すべき成功例の一つは、国会議事堂の階段上で生きたオオカミとオーエンスが全米向けテレビ放送に登場したことだった。だが、オーエンスと保護団体は、彼の法案も下院を通過する勝ち目はほとんどないとわかっていた。上院での立法化は「ミッション・インポッシブル」だった。最後には下院は公聴会を開いたが、法案を進めることはできなかった。

一方、マクルーアは、彼自身のオオカミ再導入提案を関係者の間に広め、改訂し、磨き続けていた。その計画が生物学者デイヴ・ミッチの賛成のお墨付きを得たことで、信頼性は高まった。補佐官へイウッドが事前にとりつけたのだ。ミッチは、マクルーア法案の下で再導入によって小さな個体群ができたなら、土地の管理に特別な変更を加えなくともオオカミの頭数は増え続けると考えていた。既存の国立公園や原生自然地域は十分にオオカミの保護区になるので、保護策を追加することは必要ないと確信していたのだ。

全米野生生物連合のトム・フランスは「マクルーアの提案は、議員が畜産業界の人間を交渉のテーブルにつかせることができなければ見込みがない」と、ヘイウッドに話した。ヘイウッドは何度か機会を捉えて試みていたが、アイダホ州の畜産農家数人の他には協力を得られていなかった。畜産業界は、ワイオミング・ファーム・ビューローに率いられていて、「オオカミ反対、議論の余地なし」という立場から後退することを拒んでいた。

この年（一九八九年）の年末、下院はイエローストーン公園のオオカミ環境影響評価書の予算を投票にかけたが、マクルーアは自らの提案を通すためこの予算案をつぶした。議会はそれに代わって、一七万五〇〇〇ドルをオオカミ再導入の効果の研究に割り当て、関係機関が環境影響評価書の準備をすることについては、はっきりと禁止した。

そして大ニュースが飛び込んできた。翌一九九〇年マクルーアがその年の終りに引退することを表明した。彼の最後の議会活動の優先事項の一つが、イエローストーン公園とアイダホ州にオオカミを再導入する彼の提案を通過させることだった。五月、彼はオオカミ復活を成し遂げるための法案を提出した。

マクルーアはこの時点でレイムダック状態だったとはいえ、その法案を通すための賛同者がいるかどうかということが保護団体の間で議論になった。私たちは皆、立法手続きの最後の瞬間に見せる彼の才能を知っていたが、いかんせん時間が足りなかった。あたりさわりのない法案でさえ大統領のデスクに置かれるのに何ヵ月も何年もかかりかねないのだ。

『イエローストーンにとってオオカミとは？』の調査の最初の二巻が公表されたのもまた一九九〇年だった。その内容は、知識のある人にはほとんど驚きのないものだった。科学者は、イエローストーン公園のオオカミ復活は、畜産業界や、グリズリー、その地域の七種類の有蹄類（大型草食獣）、あるいは公園をとりまく地域社会の経済に、最小限の影響しか与えないだろうと結論を出していた。実際にはその報告書の著者は、オオカミに大いに興味をもつ人たちが旅行で来ることによって、地域経済に利益をもたらすだろうとも予測していたのだが。この報告書は世界をゆるがすほど重要なものではなかったが、『イエローストーンにとってオオカミとは？』の研究は市民教育にとってはきわめて重要な役割を演じ、しっかりした環境影響評価書のための基礎になった。

最後の決着は九月に訪れた。マクルーアが、公有地、国立公園、国有林に関する小委員会の前に公聴会を呼びかけたのだ。もしその公聴会でマクルーアが十分な支持を集めることができれば、彼は間違いなく、彼のオオカミ法案に別の要素も付け加え、議論が収まった頃合を見計らって議会を通過させようとするだろう。

その公聴会の証言者にはいつもの当事者も含まれていた。牧場主、官僚、議会の反対派、保護団体(トム・フランス、大イエローストーン同盟代表トム・マカナミー、そして私)である。しかし、その公聴会では大きなサプライズがいくつかあった。まず最初は、公園局、森林局、魚類野生生物局を代表する登壇者たちからだった。組織の長たちはマクルーアの公聴会の前に談合し、自分たちの証言をまとめていた。彼らはオオカミを絶滅危惧種リストからはずす内容を含むマクルーアの法案は支持しないが、イエローストーン公園のオオカミ復活案には賛成することにしたのだ。連邦政府の官僚政治の中では、そうして立場を明らかにすることが、意見を書いたり公聴会で発表することよりももっと多くのことを含んでいる。公聴会での証言が政治的に重要な影響を持つものであるからこそ、当局は、上位の部署か、適切な閣僚の承認を得てから前もって予算管理部門にコピーを通しておかなければならない。もし合衆国行政管理予算局が承認すれば、証言は行政の公的な立場のものになる。勇気ある官僚の何人かは、すでにイエローストーン公園にオオカミが戻ってくることを支持していた。もっとも目立っていたのは公園局長ビル・モットだったが、前年(一九八九年)ブッシュ大統領が就任すると、彼を再任しなかった。レーガン政権はオオカミ再導入を支持する立場を決してとらなかったし、ブッシュ政権も同じだった――この時までは。

合衆国行政管理予算局は、マクルーア法案に関する関係当局の証言を認可した。オオカミ復活の目的の承認も含めてだ。連邦の関係当局がついに公の場に出てきた。イエローストーン公園へのオオカミ復活が、今やブッシュ政権の公の政策になったのだ。

さらに大きなサプライズが待っていた。その日の最後に登場した証人は、アメリカン・ファーム・ビューロー連合会［品目横断的に六〇〇万人のメンバーを擁する米国最大の農業者団体。その傘下に州単位の連合体がある］、ワイオミング羊毛生産者組合、アイダホ羊毛生者産組合、モンタナ家畜生産者組合などの畜産業界の代表たちだった。多くが、マクルーア法案への反対をうるさく言い立てた。西部で最も攻撃的な組織のはずのアイダホ羊毛生産者組合だけが、生ぬるい是認の意思表示をした。反対の理由はいつも同じだ。激しい家畜被害と、土地利用の煩わしい制約のことだ。畜産業界からの最後の証人が終わったとき、マクルーアは疲れていらいらしていた。彼は自分の立法に支持を引き出すことができなかった。農業者グループは彼がやろうとしていたことを理解できず、オオカミ復活は好むと好まざるとにかかわらず起きるものだということを理解してくれなかったのだ。

マクルーアは失望して畜産農家たちに言った。「困るのは、皆さんが心配し怖れていることが、私の法案があるために起きると言っていることだ。あなたがたは、この法案がなかったら本当は何が起きるかということを誰も考えていない」。彼は、オオカミがモンタナ州へ自然に戻ってきたのだから、同じようにアイダホ州やイエローストーン公園へも戻ってくるだろうと指摘した。

ワイオミング州の上院議員マルコム・ウォーラップが、この一連の成り行きに割り込んできた。

「私はマクルーア議員が指摘したことが真実だと言わなければならない」彼はきっぱりと言った。「現実には、復活はいずれにしろ起きることです。自然復活であれば長い期間をかけて、人為的なら短期間のうちに。市民に対して、復活が起こりっこないというふりをするのはフェアじゃない」

私は耳を疑った。隣に座っていたフランスを肘でつつき、二人で公園局のジョン・ヴァーリーを見やった。彼の口はぽかんと空いていた。ウォーラップは、畜産業界も共にこの計画に取り組みましょうと語った。「ウォーラップ、皆さんのウォーラップです!」この結果には茫然とせざるをえなかった。

私たちが考えているよりはるかに事は進行していた。マクルーア法案は廃案になったが、一方で下院は、イエローストーン公園の環境影響評価書予算を含む歳出法案を通過させ、マクルーアは再び上院でそれを阻止した。一方で彼は、オオカミ復活という現実を畜産業界に受け入れさせることに余念がなかった。彼はオオカミ再導入を実現していく過程で畜産農家が発言権を得るためにも、この計画に参加する必要があると考えていた。資源関係の部局が畜産業界に配慮してくれると信用することができなかったからだ。マクルーアは両院協議会が内務長官にあてた報告書の中に、オオカミ管理委員会として一〇人のメンバーの任命が盛り込まれるよう尽力した。合衆国議会は、「イエローストーン公園とアイダホ州中央部へのオオカミ再導入と管理計画を進めるグループに三七万五〇〇〇ドルを割り当て」るとした。この委員会は、関係当局の長と畜産業界と保護グループの代表を含む市民からなるメンバーで編成され、そして一九九一年五月一五日までに議会に報告書を提出しなければならないことになった。

マクルーアは、オオカミ再導入の行きづまりを打開できないまま、予定通り上院を引退した。彼は自分自身が環境面で何もやってこなかった経歴を償いたかったのか、それとも畜産業界の友人のためにもっとよい取引にしようとやっきになっていただけなのか。保護団体は未だに議論していた。だが彼の動機はどうでもいいではないか。意図しようとしまいと彼は、国会議事堂に到達したときにはだめになってしまっていたかもしれない大きな目標に、生命を吹きこんでくれたのだ。

「オオカミ管理委員会」は、マクルーアの遺産だった。意見を闘わせることを通じてイエローストーン公園やアイダホ州中央部へオオカミを復活させるという課題を解決する、最後の好機が巡ってきた——そう思えた。

12 反オオカミ派が迫る

オオカミ管理委員会が話し合いを始めた一九九一年一月二三日前後、多くの自然保護団体は、オオカミ再導入への畜産業界の抵抗は最終的には弱まっていくだろうと考えていた。イエローストーン公園のオオカミ論争は、結局ずるずると一〇年近くにも及んでいた。新聞記事や自然系の雑誌の特集、テレビの特別番組などで大衆のオオカミへの注目度は非常に高まっていて、誰もがこの問題はどちらか一方の圧勝にはならないことを知っていた。もはやイエローストーン公園への再導入は避けられないだろうと多くの人が考え、畜産業界のリーダーでさえそう考える人がいた。

モンタナ州のオオカミは数を増やし続けていた。畜産業界のリーダーたちはマクルーア上院議員のロジックを反芻した――オオカミが来てしまう前にオオカミ管理のルールを作る方が利口なのではないか。さもなくば交渉の余地なしだ。ひとたびオオカミが自力で移動してきたら、環境保護活動家たちは絶滅危惧種法（ＥＳＡ）が提供する完全な保護を要求するだろう……。

自然保護団体側は知らなかったのだが、マクルーア議員の上院公聴会の直前、畜産業界の代表者たちがオオカミ復活に従うどころではなくなるような動きがあった。

ジェリー・ジャックはモンタナ家畜生産者組合の取締役で、マクルーア上院議員が一九八八年に初めて提案を出した際に、思慮深く耳を傾けていた畜産業界リーダーの一人だった。ジャックは、オオカミをめぐる論争にはほとほと手を焼いていた。オオカミの復活が影響するのはほんの一部の組合員だったにもかかわらず、この問題が際限なく生み出す喧噪によって、牧場主たちにとってはもっと切実な関心事だろうと彼が考えること、例えば海外の家畜市場の開発や水利権の保護、公有地の利用の管理といった事柄から、いつも注意をそらされてしまうのだった。

モンタナ家畜生産者組合は毎年春、陳情のためにワシントンDCに代表団を送っていた。代表団は団体のトップや取締役、理事会メンバーなどで構成されるのが常だった。一九九〇年四月下旬の夕方、ジャックと生産者組合の役員や理事会メンバーの何人かが、モンタナ州の共和党下院議員ロン・マールニーを訪ねた。

彼らは親交をあたためた。陳情をする畜産業界関係者はみなマールニーのことを評して、「ヤツは屑野郎かもしれないが、俺たちの屑野郎だ」と言っていたものだ。彼の票はこんな具合に集まっていた。この日、マールニーは訪問者たちに酒を注ぎ、笑い、世間話をした。

ジャックはよく覚えているが、マールニーのオフィスにはアラスカから来た人にもらったオオカミの毛皮があった。彼はそれを見せびらかすのが好きで、これ見よがしに毛皮を取り上げ、宣言するのだった。「これは良いオオカミだ！」そしてそれを皮切りにオオカミについての悪口を並べ始めるのだ。ジャックは、今にも爆発しそうだった。また同じことの繰り返しか。マールニーは決まってオオカミの話ばかりしたがった。

とうとうジャックは遠慮するのをやめた。「ロン」と彼は口を開いた。「モンタナ州で市民に向かって、我々はオオカミと共存できないと訴えるなんて、間が抜けている気がしますよ。州内にはもうすでにオオカミが五、六〇頭いて、事態はそうひどく悪化しちゃいません。家畜被害が生じれば当局がオオカミを駆除し、牧場主は賠償を受け取ることができる。では、イエローストーン公園にオオカミのつがいが自力でやってきて棲みはじめてしまったら、いったいどうなります？　我々はどこに関与できますか？　私が知りたいのはそこです。オオカミ問題の長期的な解決策は何なのかということですよ」

マールニーは怒鳴り散らしたが、実質的な答えは返ってこなかったとジャックは言う。「彼は生産者組合を自分の道具として使っていた。生産者組合がこの問題を蒸し返し続けることが自分にとって政治的に有利だと考えて、利用していたんだ。私はそれが嫌だった。我々が求めていたのは解決策だったからだ」

ジャックは一九九〇年夏の生産者組合の年次総会で、全組合員による「オオカミ反対、議論の余地なし」の立場を見直すかどうか調べることを決めた。一部の理事会メンバーと牧場主の協力のもと、ジャックは決議文の草案（マクルーアの提案をやわらげたもの）を作った。もし州当局がイエローストーン公園にオオカミを再導入するとしたら、牧場主には多くのセーフガードを提供するというものだ。

会場の三、四〇〇人の牧場主の中には猛烈なオオカミ嫌いも多く、興奮して主張をまくしたてた。

だが、ジャックの記憶によれば、三回の読み合わせと少しの変更を加えた後で、全組合員が決議案を支持した。オオカミへの嫌悪から誕生して一世紀、モンタナ家畜生産者組合という組織にとって、これは画期的なできごとだった。

しかしこの決議案は短命だった。数週間後、マールニー下院議員が、この決議案を撤回させようと生産者組合の理事会メンバーを招集しはじめた。組合の立場が軟化すれば自分の立場が悪くなると、議員は文句を言った。「決議案は修正されるべきだ」。会則では、決議案を通したり撤回したりするのは全組合員一致の場合に限ることになっている。だから組合の立場を逆転させるには手の込んだことが必要だった。ジャックによれば、グループの新しい理事会と新しい組合長――マールニーに近しい支援者のジム・コートニー――は全組合員一致という方針をすっとばして、決議案をマールニーの意に添うものに変えてしまった。

「ショックだった」と後にジャックは語った。「これはまるで、選挙を実施したあげく結果を無視するようなものだ。私は、資源と土地利用のために正しいことをせよという価値観に従っただけなんだが、それが悪かった」

マールニーが望んだのは、オオカミに配慮したその決議案を変えることだけではなかった。八月、生産者組合はジャックを解雇した。「いったん決議文が通過し、役職者がそれを撤回したのだから、誰かが去らなければならなかった」とジャック。「賛成票を投じた牧場主たちをクビにするわけにはいかない。となれば、私が板の上を歩かされて海へ落っこちるしかなかったのさ」。モンタナ州の州都ヘレナ市の新聞「インデペンデント・レコード」のインタビューで、コートニーはジャックの解雇にマールニーの関与があったことを認めた。「二人は長いことうまくいってませんでしたから」と。

ジャックが追い出されたことは、仲間内の輪を乱すとみなされかねない他のリーダーたちへの警告になった。そう考えると、数週間後に行われた議会公聴会でのマクルーア法案に対する牧場主たちの強硬な反対もうなずける。どんな妥協案に対しても、反対は確かに厳しいものだった。畜産業界の陣営は、強硬な反オオカミ派に支配されていた。

十二月、ブッシュ政権の内務長官マヌエル・ルファン・ジュニアは、モンタナ、アイダホ、ワイオミング各州の野生生物部局の部局長、連邦森林局北部地域の地元森林官、公園局と魚類野生生物局の各地方局長、狩猟愛好者グループから一人、畜産業界から一人、自然保護団体から二人の、計一〇人をオオカミ管理委員会に指名した。ルファン長官は自然保護団体の代表者に、私と、コロラド州ボールダーにある全米野生生物連合のロッキー山地事務所所長トム・ドーティを選んだ。

内務省が管理委員会の選任を発表したニュースのインクが乾く間もなく、マールニー下院議員は正面きってルファン長官の攻撃にとりかかった。「委員会はあらかじめオオカミの再導入に有利になるような偏った人選になっている」と彼は非難した。「内務長官は自分を売り渡してしまった。彼の弁当箱は、中身を環境活動家に食われて空っぽだ」

マールニーは、もしハリウッドが長官の人選の過程を映画にしたなら、タイトルは『のろま《ダンス》(Dunces)・ウィズ・ウルブズ』といったところだろう、と語った。

現実には、マクルーア上院議員のような政治的眼識をもった人物にのみ、このようなバランスのとれたチーム構成が可能だったと言える。それが初めて明らかになったのは、一九九一年一月、最初の会合が開かれた時だ。委員会は完全に五対五に分かれた。連邦当局の代表者たちと自然保護団体が、イエローストーン公園に実験個体群としてオオカミを再導入することに賛成の側。三州の野生生物部局と畜産業界がオオカミ再導入に反対の立場で、狩猟愛好者グループもそちら側だった。実際、狩猟愛好者はオオカミ管理委員会に対して強硬だった。狩猟者代表に指名された人物は、アイダホ牧畜組合から給料をもらって代表をつとめていた。反対者はそれぞれ異なる利害をもっていたけれども、オオカミ復活に反対ということで統一戦線を形成した。

驚いたことに、イエローストーン公園とアイダホ中央部にオオカミをどう復活させるかという理詰めの議論では、畜産業界はさしたる障害にはならなかった。理由は、モンタナ州の魚類野生生物公園部の部長K・L・クールがいたからだ。クールは短気でわざとらしい人物で、即座にオオカミ管理委員会を手玉にとりはじめた。彼の流儀は、連邦魚類野生生物局長だったフランク・ダンクルを思い出させた。政治が第一、生物学ははるかに離れた第二だ。ダンクルのように、クールは政治に熟達していた。ある時は雄牛のように暴れ、次の時には卑屈なほどに素直になった。

クールは委員会の顔ぶれをすばやく値踏みして、三州の当局と畜産業界という五票を連合して活動するよう組織し、それによって――また、彼自身がリーダーの位置を確立することによって、自分の気に入らない提案は止める力があると主張した。毎回のコーヒーブレイクや会議の重要な局面のたびに、クールは畜産業界と他の二州の部局長を呼び集めた。彼が残りの我々に話しかけることはほとんどなかった。

最初の会合でクールは、モンタナ州に現存するオオカミ個体群の将来の管理についても、オオカミ管理委員会は勧告を行うべきだと要求した。それに対して複数の委員会メンバーが異議を唱えた。「合衆国議会がこの委員会に命じたのは、イエローストーン公園とアイダホ州中央部への再導入と管理計画を前進させることであって、モンタナ州のオオカミ管理ではありません」と指摘したのだ。この他には、モンタナ州のオオカミ復活については円滑に話が進んだ。

だがクールは納得せず、畜産業界と州当局の連合も彼の支援を企んでいた。モンタナ州のオオカミ管理の問題は議論のテーブルに載せられたままだった。クール一派は自分たちの案を提出した。それは、「モンタナ、アイダホ、ワイオミングの各州では、イエローストーン公園にオオカミを再導入するのに先立って、国立公園と国の野生動物保護区を除いてはオオカミを連邦絶滅危惧種法のリストから外しておくべきだ」というものだった。この提案の中で各州はそれぞれ単独で責任をもってオオカミを管理することが想定されると書かれており、また、民間の土地所有者はオオカミを殺すことについてのより広い裁量権をもつことになっていた。

連邦当局の各局長も、トム・ドーティも私も、このような提案は議会の承認を得られるわけがないとわかっていた。これは、承認されなかったマクルーア上院議員のものよりはるかに強硬なものだ。この提案は、イエローストーン公園へのオオカミ再導入にノーをつきつける、巧妙な手口以外の何物でもなかった。

だが、クールとその一派は譲歩しようとしなかった。トム・ドーティと私は何度も、残る二州の野生生物部局の部局長と非公式の対話を重ねた。ワイオミング州のピート・ペトラとアイダホ州のジェリー・コンレイだ。二人は、クールが譲らないとする立場について執着はなかったが、かといって彼の立場を変えさせることにも熱意はなかった。

私はコンレイを長年知っており、彼の誠実さや困難な問題の解決に取り組む姿勢を尊敬していた。彼は本音を聞かせてくれた。「オオカミを復活させることについて、他の二州と異なる立場を選ぶことは政治的な自殺行為なんです」と彼は言った。「もし私が異なる立場を選んでも、州の議会がただちにそれを変更してしまうでしょう。この委員会から出されるどんな解答も、三州すべてが賛成していなければなりません。それが《政治の現実《ポリティカル・リアリティ》》なのですよ」。これこそが、クールが十二分に理解していた《現実》だった。

コンレイとペトラは、連邦当局と保護団体から出されてくる提案に興味を示していた。私たちは、「イエローストーン公園にオオカミを実験個体群として再導入すること、一方アイダホ州では三年間オオカミ研究をすること」を提案した。もしこの三年間に生物学者がアイダホ州でオオカミの個体群が自然に戻ったことを確認できなければ、当局はそこでも同じく実験個体群としてオオカミを放す手続きに入ることになる。

各州の当局と畜産業界は、こんな計画を聞き入れるつもりはなかった。彼らは「あなたがたの提案はモンタナ州北西部について触れていない」とか、「十分な確実性がない」などと不満を述べた。「連邦当局が約束を守るかどうか分かったものではない」、「合法的な異議申し立てによって取り決めが変更されたらどうするのだ」と。彼らはさらに、私たちの提案では、管理責任の権限が各州へ十分に委譲されていない、とも言った。

双方の立場をめぐっての議論は袋小路に入ってしまい、目立った進展もないまま四月を迎えた。しかし四月一〇日の会議で、この行きづまりを打開する兆しが見えた。委員会は、膠着状態を解決する唯一の方法として、提案のいくつかに対して投票を行ない、十分な支持を得られない項目については却下することを決めた。

クールが最初に、オオカミを絶滅危惧種のリストから外しておくという自分の提案を提出した。投票結果は賛成五、反対四、棄権一。だが議会が承認するためには、提案への賛成票は六票なければならないとされていたため、この提案は却下となった。

連邦森林局北部ロッキー事務所の地元森林官ジョン・マンマが、この提案に投票することを拒んだのだ。代わりに、実験個体群条項に信頼をおき、しかも多くの州当局や畜産業界の懸念にも応える妥協案を提案した。

その案とは、イエローストーン公園とアイダホの《実験個体群エリア》とする境界を拡張し、グレイシャー公園に直接隣接する北西部を除いたモンタナ州の全部を含めるものにすることだった。マンマは、州と連邦のそれぞれの当局がオオカミ管理の責任を分担することを提案し、またそのルールが変わらないことを確約するため、オオカミ管理委員会の最終的な計画を承認する法案を、議会が通過させることを求めた。彼はまた、家畜を殺して捕らえられたオオカミは土地所有者が撃ってもよいとすることも提案した。

この提案は完璧からは程遠く、妥協の案にちがいない。しかし少なくとも出発点ではあった。その日はもう遅かったし、委員会のメンバーはとげとげしい議論に疲れ切っていた。五月一五日という議会の会期末もぼんやり見えていた。私たちはマンマの提案を九対一で可決した。唯一の反対票を投じたのは畜産業界代表者だったが、投票する前に彼がためらっている様子が見えた。

この日、散会となったとき、委員会はいくつかの重要な細目について答えを出していなかった。それでも私たちのほとんどは皆、自分たちが少なくとも最終合意の枠組みは作ったと信じていた。委員会によって、少なくとも何らかの進展は始まった、私はそのことに気分を良くしていた。コロラド州デンバーでの四月二九、三〇日の最終会議で、私たちは立案を終了することになった。

続く二週間のあいだ、私は様々な環境団体の代表者たちから、この実験的な取り決めについてどう考えるのかと質問攻めにされた。良い妥協案だという人もいれば、譲歩しすぎだという人もいた。

私はオオカミ管理委員会が正しい方向へ進んでいると信じてはいたが、気にかかる点が二つあった。私が考える難点のひとつは、提案された実験個体群エリアの境界がモンタナ州に大きく広げられ過ぎていることだった。議会は、《連邦当局が適用する実験個体群条項のエリア》とは、絶滅危惧種の生き残っている個体群がなく、再導入によって復活させられるべき地域と想定していた。マンマの提案した実験個体群の境界は、オオカミがすでに繁殖している地域と重なっていた。私は、そのような境界の線引きが法的に厳密な調査を切り抜けられるとは思えなかった。

マンマの提案に私が感じた問題点の二つ目は、合衆国議会に文書の承認を求めている点だった。理屈のうえでは、管理委員会の仕事に対して議会が承認の印を押すことは私も反対ではない。だが経験上、承認の求めを、反オオカミの政治家が干渉するチャンスとして使うだろうことがわかっていた。

これらは管理委員会で修正することができる問題点だった。しかし、私はもっと大きな問題に直面した。私の雇用主であるディフェンダーズ・オブ・ワイルドライフが、マンマの提案に反対するよう私に圧力をかけてきたのだ。マンマの提案が、民間の土地所有者にオオカミを殺すことを認めているからだった。

私は困難な立場に追い込まれた。私は多くの機会に――畜産農家とのミネソタへの旅でも、協議会のスピーチでも、数々の州議会の会議でも――実験個体群条項は、そのオオカミを殺すことが種の復活を妨げることにならない限りは、家畜を襲っている特定のオオカミを民間の土地所有者が殺すことを許容していると、はっきりと説明してきた。私はその条項が定められたいきさつを調べ、合衆国議会がこの点を立案したことを知った。デイヴ・ミッチや他の研究者は、こうした条件下でオオカミを殺しても種の回復にとっての影響は無視できるほどだと安心させてくれた。民間人がオオカミを殺すことに私が賛成していることは、団体内部では秘密ではなかった。ディフェンダーズの代表ルパート・カトラーは私の立場を支持していた。

だが、私が知らないうちに（少し前のことでまだ一年もたっていなかったのだが）、ディフェンダーズの理事たちが、民間人による絶滅危惧種の捕殺にすべて反対する決議を採択していたのだった――問題が抱える複雑さや、イエローストーン公園にオオカミ復活を実現させることへの潜在的な重要性を十分に理解もしないままに。それで、オオカミ管理委員会が招集される直前に、カトラーは団体を去った。今の組織の実質的な代表ジム・ドーティは、仕事の虫といったタイプの弁護士で、ディフェンダーズには入ったばかりだったが、自分の家畜がやられているのを見た牧場主にオオカミを殺させるようなマンマの提案には、ディフェンダーズは反対すべきだと主張した。法律家たちが「私的な捕獲」と呼ぶ点だ。

私はジム・ドーティ（前出［一九七頁］のトム・ドーティとは親戚関係ではない）に、これは牧場主にとって最も重要な、感情に関わる論点なのだと説明した。「私的な捕獲」を許容することはオオカミ復活にはほとんど影響がないし、いずれオオカミ管理委員会が承認するどの計画にも、実験個体群条項は必ず含まれることになると指摘した。さらに私はこの条項を、オオカミが捕獲されやすくなるのを防ぐようなものに発展させたいのだと説明した。だが、彼は耳を貸さなかった。

会議の前日、彼は私にそっけないファックスを送ってきた。「我々には、この計画に反対票を投じる以外の選択肢はない。あなたが全体の立場に賛成しないことはわかった。遺憾ながら再度強調しておかねばならない。もしあなたの投票が経営管理の観点に反するものなら、雇用上の地位は危険にさらされる。残念だ」

家畜生産者組合のジェリー・ジャックは、自分が失脚することに気づかなかったが、私の場合は目の前につきつけられた。

どうするか決めかねたまま私は、四月二九日のデンバーでの会議に向かった。「私的な捕獲」の問題は、全米野生生物連合とオオカミ基金にとってはさほど重大なものではない。私は自分自身に問いかけた。政府の委員会メンバーとしての私の地位は、保護団体全体を代表するものでなければならないのかどうか。私自身が所属する組織の見解を代表しなくてもいいのか。私は、もし一緒に作り上げた合意に自分が反対票を投じたら信用を失ってしまうだろうと心配だった。最大の疑問は、正しいことをなすべきか――ただしクビをかけて――あるいは安全な道を選ぶか、だった。デンバーへの機中、私は胃が痛かった。その時がきたら、たぶん私は運を天にまかせて提案に賛成するだろうと考えていた。

だが心配は不要だった。他の委員会メンバーたちも明らかに圧力を受けてきており、委員会が再招集された時には、私たちのそれまでの合意は無に帰していた。三州の当局と畜産業界は、オオカミをリストからはずす立場へと後退していた。マンマの妥協案は消えた。

二日間の会議の一日目は暗礁に乗り上げて終わった。次の日が最後のチャンスだ。メンバーが合意に至らなければ、委員会は議会に対して何も勧告を行なえないことになる。

ワシントンDCの事務所に戻っていた連邦魚類野生生物局長ジョン・ターナーは、オオカミ管理委員会が行きづまっているとの報告を受けた。この数ヵ月間というもの彼は、連邦および州政府、畜産業界、自然保護団体、ワイオミングの議会代表団、こうしたそれぞれの立場が尊重されるように妥協点を見つける段取りを試みてきた。彼は、オオカミ管理委員会が失敗するのを見たくなかった。そして委員会ができなかったことをやろうとした。

翌日の早朝、国内時差があるのを利用して、彼とワシントンのスタッフ数人が早起きして新しい妥協案を考え出した。彼らはそれをデンバーにファックスし、地域の支所長にその案のサポートを指示した。

良かれと思って出されたターナーの提案は慌ただしいものであり、不十分でもあった。委員会が時間をかけてきた議論を上回るものではなかったばかりか、強硬派を満足させるため、それまでの案よりはるかに譲歩する方向に転換したものだった。どんな勧告であれ議会にオオカミ管理委員会からの勧告を出したいという彼の願望は、勧告をよりよいものにしたいという願望を押しのけた。

彼の計画には、いくつかの重大な欠陥があった。モンタナ州北西部のオオカミの保護をやめることを議会に求めていたこと。これは、すでに存在するオオカミ生息地に実験個体群の条項を適用しようとしたからだ。そして、家畜を捕食しているか否かを問わず、見つけただけで畜産農家がオオカミを撃つことを認めていたことだ。

私はターナーの計画に反対することには何の後ろめたさもなかったし、全米野生生物連合のトム・ドーティも同じだった。私たちはオオカミ管理委員会の他のメンバーに、この提案では議会で支持を得られないだろうと忠告した。にもかかわらず、モンタナ州魚類野生生物公園部長クールと畜産業界代表、狩猟関係者は、即座にこの計画に飛びついた。連邦魚類野生生物局の地域局長が立場を変えると、残る機関の代表たちもやみくもに右へならえをした——公園局でさえも、だ。それを知ったらおそらくウィリアム・モットも困惑したことだろう。他の委員会メンバーの得票が私たちを上回った。八対二だった。

トム・ドーティと私は正しかった。委員会勧告は何にもならなかった。絶滅危惧種法をめちゃくちゃにしてしまうような法案が、民主党に制圧された上下両院で通過するはずもなかった。つまりオオカミ管理委員会がやっていたことは、イエローストーン公園へオオカミが復活する曲がりくねった道筋の、脇道のひとつの袋小路だったわけだ。

鳴り物入りの委員会がしぼんでしまった後、私はワシントンＤＣに向かった。下院院内歳出小委員会の事務官ニール・サイモンを訪ねるためだ。その頃までに私は、自分の目指すべき方向がよくわかってきていた。そのひとつが、一九九二年の歳出法案の中にある、イエローストーン公園へのオオカミ復活の環境影響評価書の準備作業を始める予算だ。私たちは事前に正しい手続きをふんできていた。ウェイン・オーエンス下院議員とティム・カミンスキーが精力的に支えてくれた。保護団体は委員会メンバーに、歳出小委員会の議長シドニー・イェーツに手紙を書くよう促した。私たちは再び成功を手にした。環境影響評価書のために三四万八〇〇〇ドルを充てた法案が、下院を通過したのだ。

それでもなお、私は自信がなかった。私たちは以前にも、何度も実現に近づいた。まるでギリシャ神話のタンタロスのようだと思った——タンタロスは神を困らせようとして最も厳しい罰を受けた。灼熱の地獄の池に落とされ、永遠にそこから出られない。渇いたのどを潤そうと体をかがめると水は遠のいていく。池の上に垂れ下がる枝には果実がたわわに実っているが、タンタロスが飢えを癒すために果実をつかもうとすると、風が枝を手の届かないところに遠ざけてしまう……。

しかし今回は、期待を裏切られなかった。歳出委員会の席に、モンタナ、アイダホ、ワイオミング各州からの議員はいなかった。マクルーアは引退していた。その地域選出の六人の上院議員は全員、環境影響評価書に財源を拠出することに反対する文書に署名していたが、歳出委員会にはその路線を選ぼうとする者は誰もいなかった。反対者はこの懸案を四年間も立ち往生させ、その過程で一〇〇万ドル近い浪費をさせていた。歳出委員会は単に、ノーを言う理由を使い果たしていたのだった。

一一月、議会は資金を拠出した。一九九二年には環境影響評価書の準備作業が始まるだろう。私たちはついにオオカミ再導入の大きな障害を取り除いたのだ。

13 決戦の時

一九九一年一一月、連邦魚類野生生物局は、イエローストーンとアイダホ州中央部へのオオカミ復活に関する環境影響評価書（ＥＩＳ）の準備チームを引っ張っていく役職にふさわしい人材を、職員の中で探し始めた。適任者は明らかだった。エド・バングス［一六三頁］だ。彼はモンタナ州の復活計画を、でかい悪いオオカミ《ビッグ・バッド・ウルフ》反対派に吹き飛ばされるまいと、レンガを一つひとつ積むように、堅固に作り上げていた。

しかし、バングスはヒーローになりたいわけではなかった。逆境が彼の生きがいだったけれども、圧力鍋のように上からも下からも圧力がかかる環境影響評価書の作業が、自分のやりたいこととは思えなかった。できることなら彼は、魚類野生生物局の中央事務所や地方事務所からのよけいな指示のないところで自由な立場で働きたかった。バングスの能力への信頼があるので、彼の上司もその条件に賛成した。

バングスは即座にチームを組織した。彼自身はより高い視野からメディアへのスポークスマンの役割や、怒った政治家を鎮め、怒れる市民をなだめる役割を選んだ。細部にこだわることではなく、大きな着想があることが、彼の強力な武器だった。だから右腕となるべきは、ボルトとナットのようにぴったりくる人物、ウェイン・ブルースター［一六〇頁］だった。彼は以前、魚類野生生物局の絶滅危惧種関連のリーダーとしてオオカミ復活チームを生き返らせた人物だ。ブルースターはその時はイエローストーン公園の研究職をしていた。もって生まれた細心さで、彼はリストを作り、仕事を割りふり、何事も取りこぼしのないように着実にこなした。局内での友人は彼のことを《最高の官僚》と呼んだが、それはほめ言葉だった。

バングスは、局内のスティーヴ・フリッツをチームの現地科学専門官に選んだ。フリッツは、オオカミの頭数を決めることから種の再導入の計画までの生物学的・技術的な問題を、着実かつ正確に処理した。彼はチームの科学博士だった。

加えてバングスは、会議をセットしパブリックコメントを分析するために、レイアード・ロビンソンを森林局から引き抜いた。ロビンソンは典型的な官僚ではなかった。前職は森林消防パラシュート隊員であり、「やればできる」というスタイルで他人の協力を呼び込んで、その気にさせてしまうような人だった。

環境影響評価書チームのカギとなるメンバーは他に、インディアン部族の代表と、モンタナ、ワイオミング、アイダホの三州の野生動物に関係する部局と、獣害対策本部だった。魚類野生生物局が音頭をとってはいたが、他の連邦当局や西部三州も緊密に連携して動いていた。

一九九二年のはじめ、私はバングスに電話をした。環境影響評価書がどんなものになるのか意見交換するためだ。私は言った。「ディフェンダーズ・オブ・ワイルドライフも他の保護団体もギアを上げ始めているよ。保護団体はオオカミ反対派といっしょに、どんな計画なら実行可能なのか一〇年近くも話し合ってきたけど、魚類野生生物局はもう、どういう計画がいいのか分かったんじゃないか。だからこれから保護団体側は、再導入に向けて賛成の声を上げるオオカミ支持派を結集することに力点を移していこうと思うんだ」

バングスは自分の工程表を知りつくしていた。「環境影響評価書を人気投票にはしないぞ」と彼は堅い官僚的な声で言った。これは、電話をしてきた相手に対して、オオカミに賛成反対にかかわらず、彼が準備していた反応だったに違いない。確かに環境影響評価書は事実を伝えるためのプロセスだ、政治ではない。

けれど私たちは二人とも、そうではないことも知っていた。事実は重要だ、しかし政治はもっと重要だと。政治は人気投票なのだ。もし支持派が反対派を上回らなければ、オオカミ再導入は決して実現しない。法律を作ればオオカミが守れるという無邪気さを、私ははるか昔に失っていた。アブラハム・リンカーンはかつて言った。「市民の意見がすべてだ。市民の意見があれば失敗しない。民意なくして何ごともうまくいかない」

バングスの「人気投票」という言葉が私の心に刺さった。そうとも、オオカミの再導入を投票にかけようじゃないか。イエローストーン公園の中に投票箱を置こう。それがまさしくディフェンダーズが一九九二年と一九九三年の夏にやることになった「オオカミに投票して!」キャンペーンだった。

まず私は、組織で働いた経験があり、オオカミの生物学の修士号をもった人物を、ボランティアのリーダーを育成するために雇い入れた。次に、ディフェンダーズのスタッフでオオカミのディスプレイを作り、公園で使うために小冊子を作り、公園の許可を得て六月から一〇月までイエローストーン公園の中に、赤、白、青のブースを設置したのだ。ボランティアたちは、特製の投票箱に票を入れてくれるよう公園来訪者に促した。彼らは観光客の質問に答え、オオカミ復活に携わりたいと望む人には、魚類野生生物局から環境影響評価書の情報を送らせた。

一方で、バングスと彼のチームも市民と対話する計画を練っていた。地元の議員たちも、関係当局が各地方の市民に再導入計画を説明する機会を多くつくるよう要求していた。政治家は、反対派が復活計画をこきおろす機会を十分に与えられれば、オオカミ再導入を脱線させることができると考えていたのだ。

魚類野生生物局は、政治家たちの要求には抵抗しなかった。実際、市民がコメントする機会を求めて殺到していたからだ。一九九二年四月、魚類野生生物局は公園局・森林局と協力して、三四回の会議を開いた。そのうち二七回がモンタナ、アイダホ、ワイオミングの三州で、残りは国内各地の七都市だった。

こうした会議は、型にはまった公聴会ではなく、市民と生物学者がざっくばらんに話し合う《オープンハウス》だった。この形式は、市民を教育し、環境影響評価書が何を課題として取り上げるかについて市民の意見を探るいい方法だった。

反オオカミ派の政治家は怒り狂った。これは彼らが望んでいたような騒々しい市民参加の会議ではなかったからだ。協力ではなく摩擦を起こすことが彼らの望みだった。モンタナ、アイダホ、ワイオミング各州選出の共和党上院議員七人全員が、マヌエル・ルファン内務長官へ宛てた書簡の中でこの会議について不満を述べた。「連邦当局は明らかに議事を抑えこもうとしている」と彼らは抗議し、魚類野生生物局が公式の公聴会を開くよう要求した――つまり、怒れる市民がマイクを握って怒鳴ることができるような公開討論を。

モンタナ州選出の下院議員ロン・マールニーが、市民が怒りをぶちまけるような会議の要求を主導していた。彼にはオオカミよりももっと気にかかっていることがあった。一九九〇年の国勢調査の後、モンタナ州の下院議員選挙区では、二つの議席のうち一つが削られてしまったのだ。マールニーは、長年の政敵、民主党のパット・ウィリアムズと、勝者はただ一人という議席争いに巻き込まれていた。マールニーは、ほとんどのモンタナ州民がイエローストーンへのオオカミ再導入に反対だと確信し、議論をかきまわすことが再選への後押しになると信じた。

連邦魚類野生生物局の局長ジョン・ターナーは、内部文書で内務長官ルファンに向けて、公聴会をこれ以上増やさないよう進言した。「現時点でこれ以上の会議は市民や納税者の興味に応えるものにはならないと考えます。これ以上開催しても、環境影響評価書の中で熟慮されるべき問題の確認という部分で、本質的な違いが出てきそうにないからです」

ターナーは、魚類野生生物局がパブリックコメントを要請するやり方を公平だとも擁護した。「このオープンハウスの手続きは感情的な対立や論争を避け、当局と市民の間の情報交換を容易にする最も良い方法です」と彼は述べた。

しかしルファン長官は前共和党議員であり、この進言に耳をふさいで、当局をかばうことをやめた。彼は、魚類野生生物局が正式の公聴会を一九九二年八月に開くと発表した。場所はワイオミング州シャイアン、モンタナ州ヘレナ、アイダホ州ボイシ、ユタ州ソルトレイク、ワシントン州シアトルの各市と、そしてワシントンＤＣだ。保護団体とオオカミ反対派は、これらの都市で対決することになった。南北戦争の戦闘のように、戦闘ラインを形成し、発砲し、どちらに多くの人たちが生き残って立っているかを知ることになるのだ。

それまでは、全米野生生物連合、ディフェンダーズ、そしてオオカミ基金が、オオカミ保護の仕事を多く手がけてきた。だが公聴会が計画されたことは、各地にある環境系の団体、たとえばシエラクラブやオーデュボン協会、原生自然協会、オオカミ教育調査センター、アイダホ自然保護連盟、大イエローストーン連盟などにも刺激を与えた。オオカミをめぐる戦争は、一つの劇的な転機を迎えていた。

何度か会議を招集し、保護団体の軍事司令は、軍勢を集め配置する方法を決めた。すべてのグループが、それぞれの兵隊に電話で警戒警報を発する手筈になった。大きなグループはバスを借りて部隊を輸送した。オオカミ軍は、各州の首都や大きな都市での公聴会の前に集結し、そして突撃した。

昔の戦争のようにたくさんのファンファーレが鳴り響いた。モンタナ州ヘレナ市の集会では、音楽あり演説あり、生きたオオカミまでというお楽しみもあった。数百人の群衆の前で、私は映画スターのアンディ・マクドウェルを紹介した。彼のモンタナ州西部の牧場は野生のオオカミの生息地でもあったのだ。次に地元の作家リック・バスが自身の著書『帰ってきたオオカミ』の中の短い一節を読み上げた。そして全米野生生物連合のトム・フランスが群集を煽った。

通りの向うでは反オオカミ派の群集が張り合うような集会を開き、それから市民センターに向かってプラカードを振り回しながら行進を始めた。あるプラカードには「オオカミに、おケツを食われてはいかがかしら?」と書いてあった。次のように宣言しているプラカードもあった。「オオカミは動物界のサダム・フセインだ」。これは分かりやすい。

八〇〇人近い人々が公聴会の行われている市民センターに向かって進んだ。ドアにはガードマンが配置されていた。入口には明るい黄色と黒の看板で「連邦公式公聴会——酒類・看板・武器・動物の持込禁止」とあった。室内に入ると、パタゴニアのジャケットを着た人たちがカウボーイハットをかぶった人たちを押しのけていた。誰もがイライラしていた。職員が聴衆に、ブーイング禁止、声援禁止、その他やってはいけないことを説明していた。

選任された政府の役人たちが最初に話をした。驚いたことにマールニー議員は登場しなかった。代わりに彼は側近を送り込み、オオカミや原生自然に痛烈な非難を浴びせ、魚類野生生物局ターナー局長の首を切って終わらせることがみんなのためだと要求する、いかにもマールニーらしい声明を発表した。聴衆の一部は大拍手、他の人たちはブーイング。連邦職員は気づかわしげな表情に変わった。

だが、オオカミ復活を支援している先住民の歌手ジャック・グラッドストーンがブラックフィート族を代表して支持を表明したときに、公聴会の流れが変わった。彼がギターの弾き語りで歌った

『サークル・オブ・ライフ』は、オオカミと人間と他の動物たちとのつながりを歌ったものだ。彼の力強い言葉に群集は静まりかえった。

その日はまさにスピーチのための日だった。それから八時間以上、一〇〇人もの人がオオカミの話をした。「オオカミは人を殺さない。脂っこいビーフが人を殺すんだ」とだれかが断言すると、他のグループから来た人がすぐさまこう反論した。「脳死したような野郎だけがオオカミ再導入に賛成するんだ」。その日が終わるまでに、話した人の六〇パーセントがオオカミ支持を表明し、四〇パーセントが反対だった。

反対派が扇動した、政治的な動機による公聴会は、皮肉なことに支持派に驚くべき勝利をもたらした。信じがたいことだが、ワイオミング州シャイアン市でのオオカミ支持は、シアトルや首都と同じくらい高かった。結局、公聴会で話をした八〇パーセント近くの人がオオカミ復活を支持した。

一連の公聴会は、世論の流れをオオカミ復活賛成へと変えた。これはモンタナ、アイダホ、ワイオミングのような西部の地方でさえ、オオカミ支持が広く深く浸透していることを現していた。オオカミに対する感情も含めたモンタナ州民の意識を読み違えたマールニー議員は、一九九二年一一月、ウィリアムズ議員に敗れた。これら初期の公聴会で示されたオオカミへの支持は、畜産業界グループにギブアップのタオルを投げ入れさせる結果となった。後半の公聴会への出席が際立って減少したことが、彼らがオオカミとの闘いに白旗を上げたことを示していた。

公聴会開催の直前に、思いもかけないできごとがあった。八月、イエローストーンで観光客が、オオカミによく似た黒いイヌ科動物――それはまったくどこから見てもオオカミのようだった――

が、バイソンの死体を食べているのを撮影した。そして九月、撮影されたものとは違う特徴のある黒い動物を、公園から三・五キロほど南でハンターが殺した。遺伝子解析によってそれがオオカミであることが確認された。

この二つの発見は、一部の自然保護団体から再導入の必要があるのかという疑問を誘発する爆弾のようなものだった。人の手で公園に移されたオオカミは、政府によっておそらく実験個体群と呼ばれるだろう。その名称の下でのオオカミの管理には、より柔軟なルールが適用されることになる。問題は、多くの自然保護団体が「柔軟な」という言葉を、「より弱い」という意味にとることだった。一方で公園に自然に移住してきたオオカミは《実験的《エクスペリメンタル》》とはみなされないから、オオカミは絶滅危惧種法による最大限の保護を受けられることになる。

その映像はニュースになり、巻き起こった大騒動は数ヵ月続いた。過去二〇年以上にわたり一〇〇件以上の目撃例があるにもかかわらずいまだに公園内にオオカミが定着した形跡がないという事実は、もはやどうでもよかった。人々は、オオカミが戻ってきたと信じたかったのだ。

オオカミが自力でイエローストーン公園に戻ってきた可能性が出てきたことが、再導入への道筋をわかりにくくした。これは一九七〇年代初めに、公園内にオオカミがいたかもしれないことが、当時の公園局に再導入の提案を思いとどまらせていたこととよく似ている……そのことを思い出した人はほとんどいなかった。自然保護団体でさえ、オオカミがアイダホ州中央部にいるかどうかという議論が一〇年以上も続いたことを忘れていたようだ。ときおり目撃される単独のオオカミが、一部の人たちのオオカミ自然復活への希望を支えていたが、そんなことはまったく起こらなかった。

ある男が畜産業界に向けて軽率にも話したことが、自然復活への私の失望を要約してくれている。彼は言った。「畜産業界は自然復活を支持している。過去一〇年間、それでうまくいっていた」。畜産農家の目からは、うまくいっていたのだ。イエローストーン公園では《オオカミの自然復活》は、復活しないことを意味しているのだから。

公園内で、多数のオオカミが見つからずに生息しているなど信じられなかった。なにしろ、モンタナ州でマジック群《パック》と呼ばれた最初の先駆け的なオオカミたちを特定したこと〔八四頁以下参照〕は、かなり容易なことだったからだ。オオカミは特に人目につかないわけではない。多くのモンタナ州民が目撃し、遠吠えを聞き、食べた獲物を見つけ、足跡を発見した。オオカミとその痕跡は特に冬にかなり見つけやすかった。アイダホ州とイエローストーン公園で生物学者が使っていた、目撃例の正否を見究める技術を使って、モンタナ州で連邦魚類野生生物局が一九九二年に調べたところ、少なくとも五つの家族群《パック》を発見することができた。だからイエローストーン公園内に、見つかっていないオオカミの群れが生息している見込みはゼロだった。

オオカミがいるかもしれないことで起きる混乱を簡単に解決する策はあった。明らかにするべき問いは、公園に戻ったオオカミが一頭なのか二頭だったのかではなく、オオカミの個体群がイエローストーン公園にもう一度定着したかどうか、ということだった。だから連邦魚類野生生物局が行うべきことは、オオカミ個体群が形成されたかどうかを明らかにすることだ。それにより政府が、個体群がいるかどうかという判断を元にオオカミの再導入を決定することができる。

チームの研究者スティーヴ・フリッツは、オオカミの個体群が何をもって構成されたといえるかを、厳密に明らかにする仕事にとりかかった。北米の指導的なオオカミ専門家二〇人以上に意見を求めたところ、オオカミが存在すると決定するカギになる要素は「繁殖だ」という結論だった。フリッツは彼らの提案を組み込んで、オオカミの個体群が存在するとする最低限の基準を、「少なくとも二つの繁殖ペアが生き残り、彼らが二年以上にわたって子どもを産むこと」と決定した。この定義は最終的に、単独オオカミの客観的な目撃報告にも適用された。単独オオカミへもこの定義を当てはめるようになるのは興味深いことだが、ともかく生物学者が繁殖を見つけない限り、オオカミを復活させる大きな構想の中ではさほど重要なことではなかった。

一九九三年六月、連邦魚類野生生物局と関係する組織は、環境影響評価書の草案を作った。その中にはいくつかの選択肢――オオカミの再導入を行わない案から、絶滅危惧種法でとりうる最も厳しい制約のもとにイエローストーン公園へオオカミを再導入する案まで――を並べて分析していた。そのうちの《推奨される選択肢》は、オオカミを実験個体群として再導入することを示していた。この選択肢には、土地利用の制約は含まれていない。民間の土地所有者は自分の家畜を攻撃しようとしているオオカミを殺してもよい。また、連邦と州の関係当局はオオカミの管理を分担しなければならない。この草案に、大きな驚きはなかった。

当局の推奨案は、オオカミ管理委員会の仕事が無意味ではなかったことを示していた。これはオオカミ管理委員会が認定したものの、委員会だけでは通せなかった折衷案だった。

連邦魚類野生生物局は、委員会の審議から、オオカミ管理の懸念を解決しなければ交渉が成り立たないということを学んだ。推奨案は、その懸念の発生を防ぐものだった。その内容は、牧場主たちはごく限られた状況下でのみオオカミを駆除できる、実験個体群地域を広く設定しているが、それはモンタナ州の現存の個体群からは切り離されている、議会ではなく内務省の承認を必要とする、などである。

唯一のサプライズは、魚類野生生物局がイエローストーン公園と同様に、アイダホ州中央部にも再導入計画を適用したことだった。当局は、アイダホ州中央部で繁殖の確かな証拠がないため、この立場をとったのだった。実際アイダホ州はイエローストーン公園よりも、現存するオオカミ個体群の生息地に近かったのに、記録された目撃回数はイエローストーン公園と変わらなかった。推奨案は興味深い内容だった。それはマクルーア議員の不朽の遺産だろう。アイダホ州中央部への再導入を、連邦当局が保護団体よりも積極的に押し進めるようにさえなったのである。

ディフェンダーズ、オオカミ基金、全米野生動物連合は、推奨案を大きな前進として歓迎した。しかし保護団体の中には、実験個体群という条項を使うことを、オオカミを十分に保護していないといって攻撃するものがあった。シエラクラブ法的防衛基金［シエラクラブとは別団体。アメリカには人間活動から自然を防衛するため非合法な妨害行為を採用または容認する団体もあるが、この団体は法的手段をとる］の法律家であるダグ・ホーノルドは、推奨案を違法だといって、魚類野生生物局を訴えると脅した。彼はワイオミング州ジャクソン市で新聞取材に対し、オオカミたちが個体群として生き残っているかもしれないのに、と語った。「私は、個体群が一つはあると考えている」

ダグ・ホーノルドなど数人の環境活動家は、実験的な再導入というやり方はオオカミにとって良くないと考えていた。ある保護団体は、実験個体群としてではなく、再導入オオカミが《絶滅危惧》と分類されるもっとも保護的な選択肢を支持した。純粋に戦略的な理由からだ。この極端な立場をとれば、実験個体群は妥協点となる。望むものを得ようとするなら、本当に望んでいるものよりも多く要求しろという、基本的な交渉戦術だった。

こうした環境活動家たちの間の意見の相違は、魚類野生生物局にとってはさほど問題ではなかった。当局の提案した《推奨案》は、地域を問わず、かなりの支持を集めた。一九九三年と一九九四年、モンタナ、アイダホ、ワイオミング各州の主要新聞のほとんどに、当局の案は穏当な妥協案であるとする論説が現れた。「ボーズマン・クロニクル」紙の社説は、一般的な考えを要約したものだった。「良薬口に苦し。畜産農家にも同じことが言える」

州政府もまた、推奨案に満足しているようだった。この案なら、自分たちも完全にオオカミ管理の協働組織になれるからだ。州の野生動物関係部局の研究者が環境影響評価書チームの一員になることも、州にとっての特典だった。提案されている再導入に積極的に反対する州政府はなかった。共和党の政治家たちでさえ、熟して落ちた。一九九三年、ワイオミング州の上院議員マルコム・ウォーラップとアラン・シンプソンは、「カスパー・スター・トリビューン」紙に、しぶしぶながら再導入の提案を受け入れたと語った。「もし私たちがどうしてもそれを受け入れなければならないというなら、管理の適正化に柔軟性がある実験個体群としてなされるべきでしょうな」とシンプソンは言った。

畜産農家の組織は、先行きを見通すことができた。彼らはオオカミ復活をしたいとも思わず、支持もしていなかったが、もはや長年戦ってきた相手に勝つことができるとも考えていなかった。主要な産業団体は「ご勝手にどうぞ」という立場まで後退した。残るは、ワイオミング・ファーム・ビューロー連合会と、モンタナ、アイダホ、そして合衆国中の、それに相当する団体だった。彼らはアバンダント・ワイルドライフ協会のトロイ・メイダーや、アイリーン・ハンソンがリーダーをしている、ワイオミング州に本部を置く「オオカミ不要委員会」などとともに反対派を組織し、オオカミ反対を唱え続けていた。こうしたグループは船を一生懸命こいでいたが、沈みかけていた。

環境影響評価書草案に関して開かれた一般公聴会では、オオカミ支持者の数はほとんど毎回、反対派を上回った。保護団体のグループは、草案についての意見の相違には関係なく、協力して市民を公聴会に集めるために共に働き続け、手紙を送り、環境影響評価書に関するコメントを送るよう自分たちのメンバーに依頼した。

一九九三年秋、環境影響評価書草案に関する公式のパブリックコメントの期間が終わったとき、魚類野生生物局は一六万通を超えるコメントを受け取った。バングスによれば、この環境影響評価書は合衆国内で準備された同様の文書のどれよりも多くのコメントを集めた。

こうしたコメントのうち七〇〇〇以上が、イエローストーン公園でのディフェンダーズの「オオカミに投票して！」プロジェクトからのものだった。一九九三年一〇月、私たちは五〇の州と二五の国からの公園来訪者の投票用紙を内務省に届けた。反対はおよそ二〇〇〇、他はすべて再導入に賛成の票だった。オオカミは投票で地すべり的勝利を勝ちとった。

政府が環境影響評価書の準備作業にとりかかるまでには、内外の人々が働きかけて何年もかかった。だが、いったん始まってしまえばプロセスは動き始める。連邦魚類野生生物局と他の関係部局は、事実を提示し、市民および環境に与えるかもしれない影響を分析し、市民の話をすべて聞いた。その結果、正しい意思決定がなされた。一九九四年六月、連邦魚類野生生物局は環境影響評価書の最終案を発表し、クリントン政権の内務長官ブルース・バビットがこれを承認した。当局は一一月にカナダ・アルバータ州でオオカミを捕獲し、イエローストーン公園とアイダホ州中央部に九月に放す計画を立てた。

一九九四年秋こそは、保護団体がひとつになって進めてきたオオカミ再導入が、確実に実現するはずの時だった。ディフェンダーズ、オオカミ基金、全米野生生物連合は、再導入計画が、イエローストーン公園とアイダホ州中央部にオオカミが戻ってくる現実的な方法だと見ていた。これは私たちにとっては、絶滅危惧種法が、どんな困難な課題であろうと解決できる法律であることを証明するチャンスだった。この法律に対する議会内の批判はますます増えていたが、証明すれば批判を和らげることができるだろう。

しかし、シエラクラブ法的防衛基金、シエラクラブ、そして全米オーデュボン協会は、違うとらえかたをしていた。彼らは、アイダホ州のオオカミが実験個体群に指定されることを容認できなかった。九月初旬、彼らはアイダホ州中央部への再導入に関して、魚類野生生物局を相手に訴訟を起こす計画を公表した。私はいつも、誰かがオオカミ復活に関して訴訟に訴えてくれないかと期待していたのだが、自分の仲間たちがそうするとは思ってもみなかった。

「これはオオカミを救う計画ではない。オオカミを殺す計画だ」。シエラクラブ法的防衛基金の法律家ホーノルドはニュースリリースで断言し、訴訟を起こすつもりだと組織の警告を付け加えた。「魚類野生生物局の計画は、オオカミの生態や、本当の復活を実現するために何をしなければならないかを見落としている」。彼は「ハイ・カントリー・ニュース」紙の記者に語った。「オオカミが州間高速道路《インターステート》九〇号線（実験個体群の境界となる）を越えたとたん、狩猟制限がなくなってしまう」

反対派のトロイ・メイダーやファーム・ビューローが本当のことを露骨に無視する態度には、私は慣れてしまった。ウィンストン・チャーチルも反対者を観察してこう言っている。「たまに真実につまずくことがあっても、彼らはまるで何事もなかったかのようにあわてて起き上がるものだ」。しかし、仲間である保護団体が事実におかまいなしであることは、私の心を逆なでした。

法的防衛基金の主張は、綿密な調査の下では通用しなかった。推奨案が科学に基づいた確実なものではないという彼らの主張は、科学者による魚類野生生物局への書簡で否定された。北米を代表するオオカミの研究者一六人が、推奨案は「迅速かつ効果的で、経済的にオオカミ復活を進めることができて、州政府と地域住民のニーズを満たすこともできる現実的な計画」であると述べた。

研究者たちは、実験個体群の条項を、オオカミ保護のマイナスにはならずプラスになると見ていた。彼らは魚類野生生物局あての文書に「私たちは、実験個体群の条項を通じて管理に柔軟性が加わり、それによりオオカミ復活を市民が受け入れやすくなり、ひいてはそれが違法な駆除を減らす結果にもつながると信じている」と書いていた。

計画は、法的防衛基金の法律家がほのめかしたような、オオカミの自由狩猟を許すものでは決してなかった。牧場主は、自分の所有する土地でのみ、しかもオオカミが家畜を今まさに殺している時ならば、撃つことができる。そのうえもし牧場主がオオカミを殺したら、二四時間以内に通報し、家畜が死んだり傷ついたりした証拠を示すことも求められる。このルールに従わないと、連邦政府による刑事訴追を招くことになる。

　実験的な再導入は、きわめて不確実な自然復活に比べて、はるかに早く、確実に、より安くオオカミを復活させることができる。復活地域は国立公園や原生自然地域に絞られるから、軋轢も最小限に抑えられる。私は、マクルーア上院議員の懸念を思い出した。環境活動家の中には、オオカミを自分たちの計画している他の課題の隠れみのに使う者がいるかもしれない——たとえば森林伐採の制限や、原生自然の保護のためだ。こうなってみると、マクルーアが言ったことは当たっていた。

　私は、野生動物の生息地を守ることには大賛成だ。その闘いに一七年間も参加してきた。しかしデイヴ・ミッチをはじめとする科学者たちは、イエローストーン公園やアイダホ州にオオカミを復活させるために、今まで以上に生息地を保護する必要はないということを明らかにしてくれた。モンタナ州でのオオカミ復活の経験がこの結論を支持していた。土地の管理者は、オオカミを理由に土地利用を制限してきたことはなかった、にもかかわらずモンタナ州のオオカミの頭数は年に約二〇パーセントも増えたのだ。

　オオカミたちを《絶滅が危惧される個体群》として管理するか、《実験個体群》として管理するかに、実質的な違いはほんのわずかしかない。そのようなささいな違いは、法律家には意味があってもオオカミにはなかった。

もっとも、法律の専門家でさえ法的防衛基金には賛成しなかった。「彼らの法律理論はまったくもって間違っているよ」と弁護士でもある全米野生生物連合のトム・フランスは言った。「合衆国議会は、計画に柔軟性が増して絶滅危惧種の復活が前進するようにと、実験個体群条項を取り入れたんだからね。これこそ、オオカミ再導入の運動が成し遂げたことなんだ」

そのことを、オオカミ基金のルネ・アスキンスはうまく表現した。「法律がオオカミを守るんじゃないわ。人がオオカミを守るのよ。オオカミの保護をもっと進めようとして法律を厳しくしていく必要はないの」。地元の人々の懸念に心づかいを示すことから、好意が生まれる。そして好意は、吟味された法律用語よりもはるかに多くのオオカミを守ってくれる。

法的防衛基金は、再導入の停止命令は求めていなかった。目的は再導入を止めることではなく、「再導入されたオオカミが実験個体群ではなく絶滅危惧動物である」と法廷で宣告させることだった。このような法的なすり替えは地元の人々を怒らせ、オオカミに対してつのらせた不満をぶちまける原因にもつながりかねないのだが、彼らはそれを認めようとしなかった。

オオカミ復活に不服を唱えているのは環境系の団体だけではなかった。九月末、ワイオミング・ファーム・ビューローもまた、魚類野生生物局を訴える計画だと公表した。その主張は法的防衛基金と非常によく似ていた。実験個体群という名称に異議を申し立てることに加えて、ファーム・ビューローは、魚類野生生物局が間違ったオオカミの亜種を導入しようとしていると主張した。かといって別に、正しい亜種だったら応援するのにと言っているわけではなかったが。彼らの主張は、一九四四年にスタンリー・ヤングとエドワード・ゴールドマンが考案した時代遅れの分類に拠っていた。この戦術は、反対派の攻撃材料が尽きていることの証拠だった。

バングスと環境影響評価書チームは九月から一〇月にかけて、法的な威嚇への対処、実験個体群の管理の最終ルール作り、カナダでのオオカミ捕獲チームの編成などに忙殺された。一九九四年の年末までにイエローストーン公園とアイダホ州中央部へオオカミを移住させるために、環境影響評価書チームのメンバーは、大急ぎで、ぶっ続けで、一日一二時間、週に七日働いていた。

そんな日々の中のある晩遅く、私はバングスを電話でつかまえた。彼は明らかに疲れ、神経をすり減らしていた。「オオカミは面白い！」の男はもはや面白くないようだった。「毎日、絶望のどん底でまっ暗だよ……」とバングス。私の知る限り最も明るくて、プレッシャーに強く論争が得意な男の言葉がこれだった。

しかし、バングスと彼をとりまく仲間たち――特にウェイン・ブルースターは、仕事をやり遂げようとしていた。一一月までに彼らはルール作りを終え、法的な威嚇への対応に必要な文書も準備した。カナダの罠猟師《トラッパー》と一緒に作業をしていた生物学者たちは、カナダの一三の群れの中から一七頭のオオカミを捕え、電波発信機を装着して再び放していた。電波発信機は、後でイエローストーン公園とアイダホ州にオオカミを移住させる時に、群れを再び見つけやすくしてくれる。オオカミ確保作戦の準備も整った。

一方、ワイオミング・ファーム・ビューローは、再導入阻止の方法を模索していた。マウンテン・ステイツ法律財団（ジェームズ・ワットが創立した法律事務所）からの法律家の応援を得て、一一月末、ファーム・ビューローは訴訟に持ち込んだ。魚類野生生物局は自発的に、法廷がファーム・ビューローの要求した仮差止め命令に答えを出すまでの間は、イエローストーン公園とアイダホ州にオオカミを連れてくるのを延期することに同意していた。大詰めはクリスマスの数日前、シャイアン市の地方裁判所で起きた。

「昔、モノゴトはもっと単純だった」とエド・バングスは私に言った。「もし誰かが君の言うことに反対なら、そいつはいちばん近い木を探して君をそこに吊るしたもんだ。今はそれよりよっぽど冷酷だよ。だって裁判所に連れて行くんだぜ」

ファーム・ビューローがオオカミ再導入の中止命令を勝ち取るには、裁判官のウィリアム・ドウンズに、もしオオカミが放たれたら牧場主が《取り返しのつかない損害》を被るということを納得させなければならなかった。そのために最もよい手段は、オオカミが牧場主に重大な経済的損害を与えることになると示すことだった。

政府側の抗弁は三本の柱で支えられていた——オオカミはめったに家畜を襲わない。政府当局は家畜を襲ったオオカミを殺すか移動させてしまう。そしてディフェンダーズは、オオカミによると立証された損失に対し《オオカミ補償基金》からのお金で畜産農家に市場価格での補償を行う。

政府側は四人の証人を登場させた。エド・バングスとデイヴ・ミッチは、家畜損失の情報を提示し、オオカミ管理についての政府側のプログラムを詳しく論じた。獣害対策本部のカーター・ニーメイヤーは、もしことが起きた場合、政府の生物学者がどういうふうにオオカミの捕食を止めるのかを話した。そして私はディフェンダーズの《オオカミ補償基金》について説明した。

ファーム・ビューローは五人の証人を用意した。すべて牧場主だ。彼らはまじめで率直な人たちばかりで、裁判官から同情を引き出したが、提示したのは恐怖ばかりで、事実はなかった。私は、この訴訟でファーム・ビューローが支払った裁判費用は、ディフェンダーズが過去七年以上にわたってモンタナ州の牧場主に支払った補償金よりも高いことを、彼らは分かっているのだろうかといぶかしく思った。

勝敗は明らかだった。一九九五年一月三日、裁判官ドウンズは、ファーム・ビューローの差止め要求を拒否した。何年もの闘争と駆け引きを経て、私たちはついに再導入の最後の障害を乗り越えた。今、ようやくオオカミたちが先祖代々の故郷に戻るときが来たのだ。

14 野生への復帰

一九九五年一月一二日木曜日、私はモンタナ州の州間高速道路《インターステイト》九〇号線を日の出と競争しながら、時速一二〇キロで疾走していた。野生動物保護の歴史に残る画期的な出来事《イエローストーン公園へのオオカミの帰還》をこの目で見たかったのだ。

私は遅刻しかかっていた。数時間前まで私はアイダホ州フランクチャーチリバー・オブ・ノーリターン原生自然地域でのオオカミ放獣に立ち会うつもりでいた。もともとオオカミの到着はイエローストーン公園とアイダホ州中央部で同じ日に予定されていたので、私は必然的にアイダホ州に向かうことになった。ディフェンダーズ・オブ・ワイルドライフ代表のロジャー・シュリックアイセンと広報部長ジョアン・ムーディがすでにイエローストーン公園にいたので、特に私がいなければならないわけではなかった。さらに私は、アイダホ州での放獣はもっとドラマチックだろうとも考えていた。アイダホ州の再導入計画は《ハードリリース》と呼ばれるものだった。オリの扉を開け放つと、互いに血縁関係にない繁殖年齢に達した若いオオカミたちが自由へと走り出していくのだ。

一方、公園の方では、オオカミの家族がそれぞれ、六〇メートル四方ほどの囲いに放され、新しい環境に慣れるために少なくとも八週間をそこで過ごしてから、管理官が彼らを野生に解き放つことになっていた。

しかし、前日の夜、私の住むモンタナ州ミズーラ市は天候が悪化した。ここは森林局の輸送機に載せられたカナダのオオカミがアイダホ州に向けて飛び立つ中継点だったが、濃い霧では輸送機は飛ばない。アイダホ原生地域へのオオカミ放獣が遅れるのは確実だった。翌日の木曜日に放獣される可能性は、霧による視界とともに閉ざされていった。

私は無意識に距離と時間を計算した。イエローストーン公園に最初のオオカミが到着するときには、そこにいたかった。

ほとんどの環境問題にははっきりした始まりと終わりがない。多くの場合、勝てたのか負けたのか、それとも延期されたのか、はっきりしないものだ。だが今回は違った。私は、オオカミたちがゴールラインを切るところを見たかった。過去一五年間、悪いことをたくさん経験してきたが、ゴールに立ち合えないのはその中でも最悪だった。

私はすばやく電話をかけた。公園局はオオカミを、モンタナ州グレイトフォールズ市から公園へ、水曜の夜にはトラックで運んでいる。するとイエローストーンのXデイならぬW《ウルフ》デイは（霧が出ていてもいなくても）予定通り木曜の朝八時だ。たとえ路面はつるつるで、気象局が不要不急の移動は避けるよう警告を出しているとしても、四八〇キロのドライブをするのは今しかなかった。水曜日の夜遅く、私は車に飛び乗り、東を目指した。

翌朝早くのことだった。私は公園の北の入口パラダイスバレーに向けて、時計とにらめっこしながら死にもの狂いでスピードを上げていた。距離はあと一五キロもなかったが、時間はもうほとんど八時になろうとしていた。角を曲がり、警察の車が私の前をのんびり走っているのを見た時には、目の前が真っ暗になった。こいつは世界最悪のタイミングだ。モンタナ州のハイウェイでスピード違反の罰金は五ドルだが、違反チケットに書き込むのに時間をとられてしまう。パトロールカーに追突しないようにブレーキを踏みながら、私はその違反チケットが五ドルなんかではすまないと考えていた。歴史的イベントがくりひろげられるのを見るチャンスを奪われてしまう。

そのとき、その車が間近に見えた。それはモンタナ高速警察隊ではなく、公園局のレンジャーだった。レンジャーは公園の外ではスピード違反を取り締まることはない。私は安堵でため息とともに大声をあげた。私がビューンと追い越すと、レンジャーは厳しい目でこっちを見た。

曲がりくねったイエローストーン川に沿った次のカーブを派手に音を立てて曲がると、また悪運に見舞われた。ゆっくりと動く動物用トレーラーがハイウェイをふさいでいたのだ。通り抜けることができない。

悪運？　なんと私は、オオカミの行列、つまりオオカミを公園に運び込む政府の車列の真ん中に自分の車を横付けしたのだと、一瞬で理解した。私は一キロ半ほどトレーラーの後ろを走った。その車のドライバーが速度を緩めて低速走行に移ると、私もそれに続いた。突然、二台の公園局のパトロールカーがどこからともなく現れ、私の前後を挟んで車列から切り離した。二人の制服のレンジャーが向かってきた。緊張した手が銃にかかっている。顔には疑惑の表情が浮かんでいた。明らかに彼らは私をトラブルの種と見ていた。ワイオミング・ファーム・ビューローの熱心なメンバーで、再導入を阻止するために苦し紛れの妨害行為を行おうとしているのかもしれないと。

「私はそっちの側だよ」と急いで言って、トレーラーに積まれたオオカミの木箱を身振りで示した。レンジャーの一人がようやく私を認め、みんながほっとした。どうやら私は、オオカミを守る任務にあった公園局の特別チームSWATをひどくハラハラさせてしまったらしい。レンジャーは笑って、あと三〇分ほどでオオカミを公園内に連れて行けますよと言った。私はそこを離れた。

私は、公園の入口の街ガーディナーに車を停めた。そこからはルーズベルト・アーチと呼ばれる聳え立つ石のモニュメントが見える。イエローストーン公園で最も目立つ構造物だ。セオドア・ルーズベルト大統領が一九〇三年に公園入口として建てたものだ。公園内に歩を進めながら、碑文を読むために立ち止まった。「人々の利益と楽しみのために　イエローストーン国立公園　一八七二年三月一日議会法により建造」。時代が、我々のオオカミを見る目、そして市民の利益にとってのオオカミの存在を、これほどまでに変えてしまったことが不思議だった。

ルーズベルト・アーチの下に立つと歴史的な感慨を覚えずにはいられない。多くの大統領や有名人たちがこの門をくぐった。そういう地でオオカミに出会うことは、ちょっとした皮肉だ。セオドア・ルーズベルトは野生動物やアウトドアへの大きな情熱を持っていながら、オオカミには冷淡だった。著書『荒野のハンター』の中で彼はオオカミのことを「荒野と破壊の野獣」と書いている。

しかしイエローストーン公園へのオオカミの復活には、確かにいくつもの歴史の皮肉がある。七〇年近く前に公園からオオカミを絶滅させたまさにその機関——国立公園局と連邦魚類野生生物局の前身だった組織――が、今や最も強力な再導入支持派なのだ。また、政府当局がオオカミを根絶するのにかかった時間は偶然にも、同じ政府の役所がオオカミを復活させるのにかかった時間と同じだった――およそ二〇年だ。

地平線の上にトレーラーと公園局のパトロールカーが現れると、アーチの近くにいた何百人もの人たちが叫び始めた。オオカミ復活に長い間いっしょに取り組んできたルネ・アスキンスが小躍りして叫んでいた。「オオカミが来た！　オオカミが来た！」私は彼女と抱き合い、言った。「言ったろ。難しくなんかないって」。私たちは顔を見合わせて笑った。

政府の車列がガーディナーの街から大きくカーブして入ってくると、群衆は歓呼で迎えた。テレビカメラがそこら中にいた。公園の職員とガーディナーの子供たちがお祝いの催しに参加した。「NBC夜のニュース」のチームが子供たちにインタビューするのが見えた。

「こういうのを君はどう思う？」レポーターは一二歳のニキビ面の少年にマイクを突きつけて大声を出した。「えーっと、僕は……」。彼は「歴史的《ヒストリカル》だ」と言おうとしてうっかり「ものすごい興奮《ヒステリカル》だ」と言いかけた。

トラックがアーチに近づくにつれ、私は何か悪いことが起きるのではないかと心配になった。タイヤがパンクしないか？　敵からのミサイルがオオカミに向けて発射されないか？　オオカミ復活のために格闘したここ一〇年の経験から、つねに最悪を想定するようになってしまっていた。

しかし、悪いことは何も起きなかった。少なくともその時点では大丈夫だった。トラックがアーチを通過すると、ゲート近くにいる人たちは公園の新しい住人を祝して、大きな声で遠吠え《ハウリング》をした。

オオカミが反応しないことなど誰も気にしなかった。車列が速度をゆるめ、内務長官ブルース・バビットと魚類野生生物局局長モリー・バレッティが車を降りて、群衆に挨拶した。

テレビのカメラクルーがすぐに彼らに殺到した。「今日は贖罪の日、そして希望の日です」とバビットは宣言した。「私たちが成せることの限界を大きく拡げた日です。私たちは子どもたちに、復活が可能なのだということ、自然の生き物たちのつながりを元の姿に再生できるということを示した日だからです」。それから彼と連邦職員は、マンモスからクークシティの間に広がるラマー谷の馴致用囲いに八頭のオオカミを届けるため、残り六〇キロあまりの移動を始めた。

しかし、オオカミがゴールラインに達したかに見えたまさにそのとき、連邦裁判所がマラソンのゴールラインを先に延ばした。ワイオミング・ファーム・ビューローは、シャイアン市での法廷闘争に負けたことにまだ感情を害していたが、それまでは戦う姿勢をみせていなかった。彼らは、最後のチャンスである前日に、デンバーにある第一〇巡回控訴裁判所に、緊急上訴を提出した。裁判所は、イエローストーン公園とアイダホ州中央部へのオオカミの放獣を停止し、四八時間待機するよう命じた。待機命令は裁判官に事案を見直す時間を与えるためのもので、いつものことだったが、今回はいつもとは違う影響が生じるかもしれなかった。内務省の法律家によれば、この待機命令はオオカミを、移動用のオリから、脱走する恐れのない六〇メートル四方の馴致用囲いの中に放すことさえ禁じていたからだ。

ファーム・ビューローとその協力者はそれまでの二週間の間、いつでも上訴を提出できた。だが彼らはそうせずに、オオカミが実際に公園とアイダホ州中央部に来るまで待ったのだ。この土壇場での法律を使った小細工は、妨害のためにぶつけてきたもので、メディアと市民からは卑劣な行為以外の何物でもないと見なされた。

さらに細かいことを言うと、その法律的な小細工は、オオカミに不必要な苦痛を追加するものだった。裁判所がこの事案を見直す間、公園局はオオカミを六〇×一二〇×九〇センチくらいの金属製のオリに閉じ込めておくよう命じられたからだ。人間の手で捕獲され、いじりまわされたうえに、カナダからの長旅。オオカミにとっては相当なストレスだ。当局の獣医は、もしこれ以上閉じ込めておけばオオカミはどうなるかわからないと懸念を口にした。

連邦職員は八頭のオオカミを囲い地の中には運び入れたものの、オリからは出せず、デンバーで司法省の弁護士が待機命令を解くよう戦っているのを待つしかなかった。

オオカミたちは木曜日のほとんどをオリの中で過ごした。彼らはこの国で一世紀以上にわたって迫害されてきて、今また国民的な祝福の真っ只中で、最後の最後に冷遇されることになった。

翌日午後のニュース会見で、内務長官バビットは深刻な表情だった。ディフェンダーズの代表ロジャー・シオオカミたちは死んでしまうかもしれない」と彼は言った。「オリから出さなければ、ユリックアイセンは一〇〇人を超える記者たちに語った。「ファーム・ビューローはオオカミがイエローストーンにいることを望まないかもしれませんが、アメリカ市民は望んでいます。八頭のオオカミたち、《イエローストーン・エイト》を解放しましょう！」

夜になり、オオカミたちはついに自由を味わうことになった。それは満月に近い月夜だった。裁判所が午後七時ごろ待機命令を引き上げると、ウェイン・ブルースターと公園局の生物学者たちはオオカミを放す準備をした。三六時間もオリの中に閉じ込められて、オオカミたちは元気をなくしていた。一〇時半ごろ、オリの扉が開けられた。するとほどなく、オオカミの前脚がイエローストーンの粉雪を踏みしめた。

木曜の夜、私はもう一度、州間高速道路九〇号線をスピードを上げて走っていた。今度はミズーラ市に戻るのだ。アイダホの再導入は金曜日だ。魚類野生生物局がオオカミを放す計画の、原生自然地域の空港に向かう飛行機に、私の座席も予約してあった。真夜中にミズーラに入り、数時間の睡眠をとって、翌朝七時までには空港にいた。

オオカミと人間に関わる計画は、よく練られていても多くの場合予測どおりにはいかない。今度もそうだった。私が空港に到着したときも、ミズーラをおおっていた霧は晴れなかった。未明、飛行機は飛ばないことが明らかになった。輸送を指揮していた森林局の市民対応担当レイアード・ロビンソンが、オオカミはアイダホ州サーモン市にトラックで運ばれて、そこから原生自然地域の放獣地点へ飛ぶことになると言った。

それで私は、凍りついた道をサーモン市に向かって車を走らせているというわけだ。ミズーラから四時間の道のりだ。オオカミをとりもどす戦い《ウルフ・ウォーズ》をともに戦った二人の盟友、トム・フランスとパット・タッカーも同乗していた。トム・フランスは変わらず全米野生生物連合の仲間だったが、パット・タッカーは数年前にそこを辞めていた。オオカミについての教育に専念するＮＰＯ「野生の見張り番」を立ち上げるためだ。年月を経て、フランスは地域で最も尊敬を集める法律家になっていた。

私たちは、今までの戦いの物語を披露しあって時間を過ごした。

「最初にコンラッド・バーンズとワシントンDCでオオカミについて議論したときのことを憶えている？」タッカーは私に尋ねた。

もちろん憶えていた。モンタナ州選出の共和党上院議員は、会議を始めて二分とたたないうちに恰幅のいい体を椅子から乗り出して、ズボンを引っ張り上げながら、私たちの顔に向かって指を振った。「確実に言えることは、もしオオカミをイエローストーン公園に再導入したら、一年以内に子どもが死ぬだろうってことだ」――

「今日、時計は動き出したことになるわね」とタッカーはじっくり考えて言った。「彼が言ったことは実現しなかったと思い出させるために来年誰かが手紙を書きましょうよ」

「そうだ、君たちに聞きたいことがあるんだ」。私は言った。「オオカミの復活には長い時間がかかったよね。この道のりの中で、どこが一番のターニングポイントだったと思う？」

「復活計画が承認された一九八七年だよ」とトム・フランスは迷わず断言した。

「あれは大きかった。あれには五年もかかったんだ」

なんとその直後に、ブラウニングの近くで家畜が殺され始めたのだったと私たちは思い返していた。

「もし、オオカミが牛や羊の中に跳びこんだのが数週間早かったら、私たちはまだ復活計画にサインさせるために走り回っていたろうな」

「でも、政府当局が捕食被害を抑えられることを証明しなければ、再導入は本当の意味で始まらなかったよ」とフランスは指摘した。「ディフェンダーズの補償制度も重要だった。シャイアン市でのファーム・ビューローの訴訟で、私たちに有利に働いた」

「金の話だったら」と私は言った。「環境影響評価書がスタートしたことは本当に大きな要因だった。議会が予算を振り向ける決定をしたことが、復活の本当のカギだったかもしれない。議会がはっきりした方向性を示さないうちは、役所はそれまで二〇年間もやり続けたことしかできなかった……そこいらじゅうのアラン・シンプソン議員かマルコム・ウォーラップ議員みたいな人たちに負けてさ」

私たちの話は、イエローストーン公園へのオオカミ復活で誰が一番の立役者だったかに移った。

「ヒーローは誰だったと思う？」と私。

タッカーはエド・バングスを挙げた。「彼は環境影響評価書の方向を決してぶれさせなかったわ。みんなのモチベーションをずっと持続させるなんて、信じられない仕事をしていた。問題があるときはいつでも彼がそこにいるの」と彼女は言った。

「確かに、エドはいい仕事をした。しかし、ウェイン・ブルースター〔魚類野生生物局〕やジョン・ヴァーリー〔公園局〕のような人と比べれば、彼は新入りだ」とフランスが言った。

「ジョン・ウィーバー〔イエローストーンにオオカミが残存していないか最初に調査し、初期の復活チームで活躍した〕を忘れちゃいけない。彼は他に誰もやろうとしないときに、復活チームを動かしていたんだから」と私は言った。

しかし、私が選んだ一番は、疑問の余地なくウィリアム・ペン・モット、みんなを奮い立たせた前公園局長だ。

「彼は、政治的な後押しがまったくない中、イエローストーンにオオカミを復活させる目標を掲げた。なぜなら、それがやるべき正しいことだったからだ」と私は言った。「彼は職を失うかもしれない大きなリスクをとったんだ」。そして私はタッカーとフランスに、彼がその後どうなったかを話して聞かせた。

ブッシュ大統領が彼を局長に再任しなかったとき、彼は公園局を辞める代わりに、局でかなり低い地位になる広報の仕事についた。一九九二年に亡くなるまで、彼は公園局で、サンフランシスコ湾沿いに残された自然保護地域の一つを保護する業務を手伝っていた。彼は最期まで、純粋なハートの持ち主だった。

フランスは、ルネ・アスキンスも大きな評価に値すると考えていた。

「彼女がイエローストーンのオオカミにメディアの注意をひきつけて社会現象にしたんだ。間違いないよ」。保護団体が環境影響評価書の要求に奮闘していた頃、「ニューズ・ウィーク」や「タイム」、「ピープル」、「ライフ」など全国規模の出版物に、イエローストーン公園へのオオカミ復活に関する記事が何十も掲載された。それらの物語のほとんどをアスキンスが書いて、人々を目覚めさせた。メディアはいつも彼女の文体とロマンチックな直観力を好んだ。

「そうね」タッカーは賛成した。「それに彼女は決して関係当局への風当りが強くなるような書き方はしなかったわ」

私は、意見が分かれると承知のうえで、ある人物を挙げた。

「ジム・マクルーアはどうだい?」

「それは面白い」。フランスは考えこみながら言った。「しかし僕にはよくわからない。もし彼がリタイアしなかったら、僕らはおそらくまだ、環境影響評価書の準備を始めさせるところで苦しんでいたかもしれないんだ」

「それはあるかもしれない」私は答えた。「でもマクルーアは、オオカミ復活がイエローストーンだけでなく、アイダホ州の問題でもあると認識させてくれた。他の政治家がみな――我々と関係の深い民主党の議員だって逃げようとしたときに、彼はオオカミのために立ち上がった。再導入という課題に命を吹き込んだんだ」

「かもしれないわね」タッカーは言った。「でも私、彼が何をしようとしていたのか、いまだに確信がもてないの。彼のことはダークヒーローと呼びたいわ」

答えが出ないまま、私たちはサーモン市の郊外に着いた。そのときにはもう、数十人の記者とオオカミファンが待ちかまえていた。しかし神様は、またもやオオカミとその支持派に微笑まなかった。サーモン川を取り囲む山々に低い雲がたれこめていた。オオカミはもう一日待たなければならず、私たちもまた待たされた。

翌日、一九九五年一月一四日午後、魚類野生生物局は四頭のオオカミをフランクチャーチリバー・オブ・ノーリターン原生地域に放した。翌週のうちに当局は、カナダからさらにオオカミを運んできてアイダホ原生地域にもう一一頭放し、六頭をイエローストーン公園の馴致用の囲いに運びいれた。

数週間後、公園局に招かれて、私は二頭のラバに引かれた古ぼけた木製のそりの荷台に積んだエルクの死体の上に座っていた。馴致囲いのあるクリスタル・ベンチにいるオオカミを見るためだ。公園局の生物学者は、車に轢かれて死んだエルクをオオカミに与えるところだった。一〇〇メートルほど離れた尾根の上に歩いていけば、観察することができる。オオカミは丘の麓の囲いの中にいた。

二月の寒い朝だったので、私は険しい尾根を登って体が温まるのがうれしかった。どんどん斜面を登り、エルクやバイソンの無数の足跡を横切った。丘の頂上に到達すると、大きくて首に銀色のすじがあって、尾を高々と空に向けている黒いオオカミに率いられたオオカミたちを六頭、視界に捉えることができた。アイボリーカラーのアスペンが密生する木立の中を走り抜けていくさまは、モノトーンの絵画のようで感動的だった。初めて見た印象は、長いあいだ思い描いてきた野生の姿そのままだった。

これは張子のオオカミじゃない。オオカミ再導入は現実に起きているんだ、と私は思った。復活計画を立てた日々、環境影響評価書、そしてワシントンDCへの旅。それらが血肉をもった形になった。

私はその尾根に何分かとどまった。オオカミたちは私が見ている間にはエサを食べず、絶えず柵の中を走り回っていた。彼らは繰り返しフェンスを調べ、開いているところを探していた。公園局はオオカミにファーストクラスの待遇を与えていたが、彼らが逃げたがっているのはすぐにわかった。

マンモスにある公園事務所へと戻るラマー谷の道を下ってくると、横切るバイソンに何度か車を停められた。エルクの大群が、風に吹きさらされた丘の中腹のいたるところに広がっていた。これらのエルクやバイソンは、オオカミのために用意されたプレゼントだった。イエローストーン公園へ移されてきたことは、カナダのオオカミにとっては《オオカミ宝くじ》に当たったようなものだ。確かに、この時代の北アメリカほどオオカミがエサを見つけやすいところはないだろう。新しい関係が展開するのを見られるのは興味をそそられる。

私はイエローストーン川に合流するヘルローリング・クリークを眺めおろす小さな待避線に車を寄せた。そこは、連邦生物調査局のヴァーノン・ベイリーが一九一六年三月、公園で最後のオオカミの巣穴を見つけたところだった。オオカミたちは小川の西側斜面の中腹に巣穴をいくつか掘っていた。その巣は明らかに何年にもわたって使われていたもので、ベイリーはその近くにエルクの頭骨が散らばっていたことも報告している。

ベイリーと彼の仲間は、成獣のオオカミを撃とうとしたが、はずした。オオカミたちは子オオカミを、一キロ半ほど斜面を登ったところにある、岩の間に自然にできた穴に運んだ。しつこい政府の担当者はそれでよしとしなかった。彼らは最終的に、三頭の成獣と六頭の子オオカミを殺した。

私は谷の対岸の中腹に座ってエピソードをつなぎ合わせようとしていた。八〇年後の今、景観はほとんど変化していない。草に覆われた同じ斜面が、その頃と同じごつごつした崖につながっている。イエローストーン公園の新しいオオカミは、この昔の営巣地を再び発見することができるだろうか。

眼下に広がる大地を眺めながら、イエローストーン公園はオオカミにとって完璧な生息地になる、と私は考えた。無数のエルクが川の近くをうろつき、鹿道が縦横についていた。バイソンの小さな群れが中腹に点在していた。彼らは大きな頭で食物になる草の茎を探して雪をよけ、堅い大地を掘っていた。双眼鏡を通して、彼らの鼻から湯気が上がるのが見えた。公園の固有の動物相から、たった一つの種が失われていた。しかし、もうすぐだ。

一九九五年三月二一日、公園局の生物学者は囲いからオオカミを放ち始めた。金属製の扉がいっせいに開かれ、イエローストーン公園はもう一度、《完全な自然》に戻る道へと踏み出した。

エピローグ

イエローストーン公園とアイダホ州中央部にオオカミが戻った後でさえ、誰もウルフ・ウォーズの休戦を宣言しようとしなかった。実のところ鬨《とき》の声はかつてより大きくなっていった。農業関係の議員が優勢なワイオミング州議会は、公園の境界を越えてくるオオカミを撃つ者に五〇〇ドルの報奨金を用意して待ち構えた。知事は報奨金を拒否はしたが、背景にある心情は否定しなかった。モンタナ州議会は政府に対して、ニューヨークのセントラルパークにオオカミを放てという要求の決議文をつきつけて応酬した。アイダホ州の新しい知事は、州兵を呼んで自分の州からオオカミを追い出させると脅した。

もっと深刻でやっかいだったのは、オオカミがイエローストーン公園とアイダホ州に着いた頃にワシントンDCにやってきた新しい上下院議員の群れだった。一九九四年九月の選挙は、合衆国議会の四〇年間にわたる民主党優勢を終わらせた。絶滅危惧種法（ESA）を作り、守ってきた、そして北部ロッキーにオオカミ復活をためらいながらも可能にしてきた政党が、一掃された。そして絶滅危惧種保護に対してずけずけと文句を言うメンバーが多い共和党が多数派を占めた。エド・バングスやウェイン・ブルースター、その他の人々が一九九四年に傾注したすさまじい努力は、欠くことのできないものだったことがはっきりした。彼らは、政治的な風がチャンスの窓を閉ざす前に、イエローストーン公園へのオオカミ再導入をその努力で可能にしたのだった。

年が明けて一月、ワイオミング州とアイダホ州の新しい議員は地位を得るとすぐ、オオカミ再導入に関する議会公聴会を要求した。新人たちは壇上で、筋肉を誇示してみせ、オオカミバッシングは再び流行になった。

再び始まった議会の抵抗は、イエローストーン公園とアイダホ州にさらにオオカミを運び込もうと戦う保護団体を牽制した。計画は、各地区に年一五頭を少なくとも五年継続して放すか、または野生個体群が定着するまでは放すことになっていた。もし議会が魚類野生生物局や公園局に対してその後数年間オオカミ再導入を禁止することにでもなれば、復活を成功させることは、奇跡とまでは言わないが、とてつもない幸運なことになってしまうところだった。

一方で、移入されたオオカミがイエローストーン公園とアイダホ州に広がり始めた頃でさえ、ワイオミング・ファーム・ビューローとシエラクラブ法的防衛基金は、死ぬまで闘うという方針を変えず、合衆国地方裁判所での公聴会を求めていた。運命のねじれは興味深いもので、連邦判事は、政府の再導入計画に反対するこの二つの裁判をひとつにまとめた。長年の敵同士が一緒に働くことになった。法制度は、政治的な仕組みにはできなかったことを成し遂げたのだ。

歴史家はイエローストーン公園のオオカミ復活を、自然保護の重要な一里塚と見なすかもしれないが、絶滅危惧種の復活に関してはとりわけ良いモデルというわけではない。長い時間がかかったし、不必要な争いの種になり、たくさんの費用がかかった。合衆国には危険にさらされて助けを必要としている野生の動植物が何百とある。私たちが新たな戦術を採用しない限り、私たちの国の絶滅危惧種保護の努力は失敗する。

何が解決策なのか？　私たちには、人々を分裂させることなく絶滅危惧種の問題を共同して解決するやり方が必要なのだ。私たちは、対決ではなく、協力を促すようなリーダーを必要としている。そして、誠実に答えを見出そうとする関係団体が、産業側にも環境側にも必要なのだ。

ポール・エリントンは、捕食者と獲物の関係に関する古典的な著書『捕食と生命』で、こう述べた。「北部の原生自然の景観に固有な生態学的構成要素のうち、私はオオカミという存在が、人間の英知と善良なる意思の大いなる試金石になると言おう」

オオカミをイエローストーン公園に戻したことは、確かに私たちの国の善良なる意思を示した。しかし、彼らがこれから繁栄するかどうか、それが私たちの英知を試すことになるだろう。

年表

一八七二年　イエローストーン国立公園が、「自然の驚異と神秘」の保護、狩猟鳥獣、魚類の乱獲の禁止を求める議会法により、設立された。しかし、密猟者は何千というエルクその他の有蹄類を撃ち、オオカミやクズリの毛皮を採るために毒をまき続けていた。

一九一四年　公有地で「オオカミやプレーリードッグ、他の農業と畜産業に害を与える動物を滅ぼすこと」のために基金が拠出され、オオカミ根絶のキャンペーンが始まった。

一九二六年　バイソンの死体を使った罠で二頭の子オオカミが殺された。一九一四年に始まった根絶キャンペーンによりイエローストーン公園で殺された一三〇頭のうち、この二頭が最後のオオカミとなった。

一九三五年　新しい国立公園局の方針に従い、イエローストーン公園の捕食者駆除が終了した。

一九四四年　著名な生物学者アルド・レオポルドが、イエローストーンの生態系と大西部原生地域へのオオカミ復活を提唱した。

一九六八年　カナダのオオカミ研究者ダグラス・ピムロットが機関誌「ディフェンダーズ」において、イエローストーン公園とカナダのバンフ国立公園、ジャスパー国立公園へのオオカミ再導入を提唱した。

一九七二年　ニクソン大統領が公有地での捕食者の毒殺を禁じた。ＥＰＡ（環境保護局）はその制限を私有地にまで広げた。

一九七三年　絶滅危惧種法（ＥＳＡ）を立法化した。これは、絶滅に瀕した、またはそのおそれのある種を復活させる計画を命じるもので、ロッキー山地のハイイロオオカミが絶滅危惧種のリストに載った。

一九七五年　連邦政府は、ロッキー山地オオカミ復活チームを組織した。

一九七八年　公園局のために書かれた論文の中で、生物学者ジョン・ウィーバーは、オオカミはもはやイエローストーン公園にはいないので、再導入を勧めると結論を下した。

一九八〇年　最初のロッキー山地オオカミ復活計画の草案が完成したが、その勧告にイエローストーン公園は含まれていなかった。自然保護団体は、公園への再導入を訴えた。

一九八一年　連邦と州の行政機関は、復活計画の改訂を始めた。

一九八五年　ディフェンダーズ・オブ・ワイルドライフが資金を拠出して、ミネソタ博物館の「オオカミと人間」展をイエローストーン公園とアイダホ州ボイシ市で開催した。二一万五〇〇〇人を超える公園来訪者が展示を見た。公園局長ウィリアム・モットは、イエローストーン公園のオオカミ再導入を後押ししていた。モンタナ大学の調査で、圧倒的な数の来訪者がイエローストーン公園のオオカミ再導入に賛成していることがわかった。

一九八六年　オオカミ研究者デイヴ・ミッチは、イエローストーン公園の生態系が「文字どおりオオカミを求めている場所」だとして、公園への再導入を提唱した。

一九八七年　ユタ州選出の民主党議員ウェイン・オーエンスは、イエローストーン公園にオオカミを即座に再導入する計画を要求する法案を提出した。連邦魚類野生生物局は、ロッキー山地オオカミ復活計画の改訂に公園へのオオカミ再導入を含めることを了承した。

一九八八年　オーエンス議員は、「私の関心はイエローストーン国立公園のバランスを回復することにある。オオカミは唯一の失われた要素である」と言った。アイダホ州の共和党上院議員ジム・マクルーアは、もし牧場主の利益が守られるならと、イエローストーンとアイダホ州中央部へのオオカミ再導入を支持した。議会は公園局に対して、オオカミ再導入が公園に与える影響の可能性を調査するよう指示した。

一九八九年　オーエンスは、イエローストーン公園へのオオカミ再導入の環境影響評価書（ＥＩＳ）を準備するよう、政府に求める法案を提出した。

一九九〇年　公園局が議会の命令による調査を『イエローストーンにとってオオカミとは？』にまとめ、発行した。ディフェンダーズは一〇万ドルのオオカミ補償基金を用意した。マクルーアはオオカミ再導入の法案を提出し、公聴会を開いた。ブッシュ政権の内務長官マヌエル・ルファンは、オオカミ再導入計画作成を任せるオオカミ管理委員会を任命した。

一九九一年　オオカミ管理委員会は議会に勧告を提出したが、議会はそれを無視した。そして議会が環境影響評価書のための支出を可決した。

一九九二年　環境影響評価書に向けた最初の公聴会が、オオカミ賛成派からの強力な支持の流れを引き出した。ディフェンダーズはイエローストーン公園で、来訪者の署名を集めるため「オオカミに投票して」ブースを設けた。議会は一九九四年一月までに環境影響評価書をまとめるように指示した。

一九九三年　イエローストーン公園オオカミ環境影響評価書の草案が七月一日に公開された。公聴会では好意的なコメントが相次いだ。ディフェンダーズは、オオカミに反対の二〇〇〇票も含めた七〇〇〇以上の投票用紙を内務長官に届けた。魚類野生生物局がイエローストーン公園とアイダホ州への再導入を一九九四年一〇月に始めることを提唱した。

一九九四年　『最終環境影響評価書（ＦＥＩＳ）』が発行された。六月一五日、クリントン政権の内務長官ブルース・バビットがＦＥＩＳの決定文書に署名した。一一月二二日、魚類野生生物局はイエローストーン公園とアイダホに再導入されるオオカミの最終的な管理規則を発行した。一一月二五日、ワイオミング・ファーム・ビューローは、再導入計画に対して「取り返しのつかない損害」を牧場主たちに与えるとして訴訟を起こした。

一九九五年　一月三日、シャイアン市の地方判事ウィリアム・ドウンズは、ワイオミング・ファーム・ビューローが求めた仮差止め請求を拒否した。

一月一一日、政府はカナダ・アルバータ州から野生のオオカミを運び込み始めたが、ファーム・ビューローはコロラド州デンバーの巡回控訴裁判所から一時的な差止めを勝ち取った。

一月一二日、カナダからの八頭のオオカミがイエローストーン公園に到着した。控訴裁判所は差止め命令を引き上げ、オオカミは馴致囲いの中へ放された。

一月一四日、四頭のオオカミがアイダホ州のフランクチャーチリバー・オブ・ノーリターン原生地域に放された。

一月二〇日、さらに六頭のオオカミがイエローストーン公園に到着し、アイダホ州ではさらに一一頭のオオカミが放された。

三月二一日、公園局は、一四頭のイエローストーンのオオカミを馴致囲いから放し始めた。

＊　年表の続き（連邦魚類野生生物局と公園局のホームページをもとに、イエローストーン・ウルフ・プロジェクト（Douglas Smith, Daniel Stahler, Debra Guernsey）の年次報告書を参照し、訳者が作成）

一九九五年　この年の終わりまでにイエローストーン公園のオオカミは三群（二一頭）となった。

一九九六年　前年よりさらに北西の地点（ブリティッシュコロンビア州）で捕獲されたカナダのオオカミ一七頭が、イエローストーン公園に運ばれた。捕獲や移動の影響があるのではないかという人間側の心配をよそに、前年に続けて複数の家族群で子オオカミが誕生し、この年の終わりまでに九群（五一頭）となった。

一九九七年　最終環境影響評価書では五年連続して再導入が行われることになっていたが、オオカミが公園地域に定着していたこと、二年続けて繁殖したこと、全体の死亡数が想定より少なかったことなどから、これ以上の再導入は必要ないと判断された。

二〇〇二年　オオカミ個体数が、北部ロッキー山地オオカミ復活計画のゴールに設定された数に達した。

二〇〇四年　オオカミを絶滅危惧種のリストから外した後に備えて、州ごとの管理計画が作られ、アイダホ州とモンタナ州のものが承認された。イエローストーン公園に生息するオオカミは順調に増え、この頃一七〇頭以上と推計された。

二〇〇五年　数年前からパルボウィルスや疥癬、ジステンパーなど病気が蔓延していたが、この年、オオカミは大きく数を減らした。生まれた子オオカミ六九頭のうち、年を越すことができたのは二二頭だけだった。

二〇〇八年　二〇〇三年頃のピーク近くまで数を回復しつつあったイエローストーン公園のオオカミは、エルクが減ったことによる餌不足や、それによるオオカミどうしの抗争の増加、交通事故や違法な殺害など人為的な理由もあって、この年以降漸減、以後一〇〇頭前後で推移する。連邦魚類野生生物局は、北部ロッキー山地の全部または一部のオオカミを絶滅危惧種リストから外す決定を下したものの、各州の地方裁判所によりこの年のうちにまたリストに戻された。

二〇〇九年　アイダホ州とモンタナ州のオオカミが再び、絶滅危惧種のリストから外された。

二〇一一年　議会が二〇〇九年の連邦魚類野生生物局の決定を承認。ワイオミング州を除く北部ロッキー山地復活計画のオオカミは絶滅危惧種リストから外されることになり、アイダホ州とモンタナ州は猟期・猟区と年間の捕獲数などを定めてオオカミ猟を公式に解禁した。

二〇一二年　ワイオミング州のオオカミもリストから外され、北部ロッキー山地復活計画に関係するすべてのオオカミの管理権限が、連邦から州に移された。

二〇一三年　公園を含む大イエローストーン地域にオオカミは三〇〇頭前後生息するとみられ、そのうち公園内には一〇群九五頭ほどが生息すると推計された。

二〇一四年　九月二三日、連邦地方裁判所が二〇一二年のワイオミング州のリスト除外決定を無効としたため、ワイオミング州内のオオカミは再び絶滅危惧種法の実験個体群条項下に戻された。

訳者あとがき

二〇一四年七月、私はイエローストーン国立公園で、オオカミが帰還した風景を眺めていた。ラマー谷（一二八頁）はオオカミを目撃できる可能性が最も高い地点の一つで、二〇〇六年に初めてここを訪れた前回は、九頭のオオカミ家族群《パック》がバイソン母子を狩る一部始終を観察することができた（ただし川の対岸だったので、双眼鏡でも米つぶ対ゴマ塩の戦いにしか見えなかったが）。今回もオオカミに出会えるだろうか――。だが、あてもなく覗く双眼鏡の先には、夏の陽光に輝く草原、とりどりに競い咲くワイルド・フラワー、一〇〇頭をゆうに超すバイソンの群れだけ。目を凝らすとプロングホーンもぽつぽつ見える。俊足の小柄なレイヨウだ。オオカミはこの動物をほとんど狙わないことが食性調査からも明らかになっている。スピードで負けるし、たとえ捕れても努力量に見合うお肉の量にならないためだ。草食獣たちがのどかに草を食む、時が止まったような平穏な眺め――。

だが実はこれが《オオカミがいる景観》なのだ。イエローストーンにオオカミがいなかった頃、プロングホーンはなかなか増えなかった。幅をきかせていたコヨーテのせいだ。体の大きさがオオカミの半分ほどのコヨーテにとっては、レイヨウの子はお手ごろサイズ。出生直後を集中的に狙い、子の死亡原因の実に八割がコヨーテだった。（Journal of Mammalogy, 2010）だがオオカミが戻り、コヨーテが減って、こうしてプロングホーンが観光客の目を楽しませてくれている。

良いものが見られた——とはいえ、やはりオオカミも見たい。どうすれば出会えるかビジターセンターで尋ねると、レンジャーが教えてくれる。「車で走って《ウルフ・ピープル》を探すといいよ！」四国の半分ほどの広さがあるこの国立公園でお目当ての野生動物が見たいなら、道端の車列やカメラを構えた人々を見つけるのが効率的だ。何を見ているのか尋ねれば、誰もが気さくに「ブルーバードさ。見たかい？」とか「グリズリーを撮りたくてね」等と答えてくれる。その中でも熱心なオオカミ・ファンが《ウルフ・ピープル》だ。盛夏でも時に気温が一〇度を下回る夜明け、いくつかの有望な観察地点に分散し、高性能な望遠鏡と仲間との無線交信を駆使してオオカミの出現を待つ人々がいるのだ。レンジャーも《ウルフ・ピープル》からの目撃情報を案内に役立てることがあるそうだ。「公園には我々も知らないオオカミが、だいぶ増えたからねぇ」とレンジャーは嬉しそうに微笑む。

帰還した当初、オオカミには全頭に発信機がつけられていた。行動のモニタリングのためだが、前提には「万が一トラブルがあったら」というオオカミに対する不信感がある。しかし年月とともに研究が進み、オオカミも増えて世代が重なり、人間側も経験を積んできた。季節を問わず年間三五〇万人前後が押し寄せる全米屈指の観光地イエローストーンでオオカミによる人身事故はなく、その存在が公園利用の妨げになると考える人はもはやいない。オオカミ目当ての観光客は地域経済をうるおし、オオカミの帰還で回復した自然は世界中の観光客を魅了するだけでなく、教育の場として多くの親子連れや学生たちで賑わっている。大半のオオカミが発信機なしの野生のままの状態で生息し、人々はそれをあたりまえと思っている。それがレンジャーにとっては一番の喜びのようだった。

イエローストーンは、合衆国はもちろん世界でも初の国立公園で、その点も含めてアメリカが誇る素晴らしい大自然である。しかし設立当初、そこはすべての野生動物にとっての安息地ではなかった。《高貴で優美な、有用なシカ類》を殺す肉食獣は、開発や密猟をもくろむ輩と同じく公園内から駆逐すべきだと、政府の役人が公費で根絶事業に携わり、イエローストーンからもオオカミは姿を消した。

そして月日は流れ、今年二〇一五年一月一二日。イエローストーンにヴァーリー（二一一頁）やニーメイヤー（一七一頁）など関係機関の元職員や研究者などが集い、オオカミ帰還二〇周年を祝ってささやかな観察会と式典が催されたと「ボーズマン・デイリー・クロニクル」紙が報じている。ちょうど二〇年前のこの日、アメリカは国家の意思で隣国カナダからオオカミを運び入れ、再導入による復活を成し遂げたのだった。何世紀にもわたって憎悪を抱き続け、積極的に戦いを挑み、殲滅に成功しかけた《敵》を自らの手で復活させるとは、当時アメリカではいったい何が起きていたのだろう。前例のないこの挑戦に取り組んだ著者が内情を語る本書『Wolf Wars《ウルフ・ウォーズ》』は、年月を経た今もビジターセンターの書籍販売コーナーに必ず置かれている。オオカミをとりもどす戦いの戦場は大半が公園の大自然ではなく、戦う相手もオオカミそのものではなかった。敵と味方がきれいに二つの陣営に分かれることもない。オオカミをめぐって、市民、政治家、研究者、関係機関の職員、畜産業界、自然保護活動家、その他さまざまな立場からの思惑が絡み合い、利害がぶつかり合う。これは《生物をめぐる政治《バイオポリティクス》》の生々しい現場記録である。

著者ハンク・フィッシャーはオハイオ大学を卒業後、モンタナ大学で野生動物学とジャーナリズムを研究し、環境科学の修士号を得た。一九七七年から非営利の自然保護団体ディフェンダーズ・オブ・ワイルドライフの北部ロッキー地方（モンタナ州、アイダホ州、ワイオミング州）を担当し、翌年から同団体の地域代表としてオオカミ復活問題に関わるようになる。重要な転機のひとつ「オオカミと人間」展（一一四頁）の巡回開催では教育への貢献が認められ、一九八六年に自然資源協議会のアメリカ賞を受けたほか、オオカミ補償基金の設立で全米環境賞協議会の特別功労賞、グリズリーやクロアシイタチなど絶滅危惧種や動物保護区問題への取り組みで森林局から地域賞を得るなど、数々の功績が認められている、自然保護活動の専門家である。

時の政治情勢とも連動し、現在も流動的な、きわめて複雑なオオカミ復活問題。その全容を一般の読者に分かりやすく伝えようと、著者はコミックや野球など身近なたとえを多用し、ウィットに富んだ明るい語り口で話を進める。タイトルからして超大作映画『スター・ウォーズ』を意識しているのは明らかだ（敵役ダース・ベイダーにたとえられる人物も登場する）。著者はオオカミ支持派だが、ジャーナリズムを研究した人らしい冷徹な視線が、敵対する側だけでなく、志を同じくしているはずの自然保護側へも遠慮なく注がれているのが興味深い。国は違うのに人間模様は思いがけないほど似ていて、「こういうこと、あるよなぁ」と思わずうなずいてしまう。著者の、自国の歴史や文化を俯瞰したうえでの情勢分析や、プロとしての活動姿勢からは学ぶことが多い。

原書に頻出する、著者らを指すconservationistという単語は、辞書の「自然保護論者」よりも実際に行動する人々と感じられたので、大部分を「自然保護団体」やその関係者と訳した。「特別寄稿」（一一頁）にあるように、人類社会がもたらす環境負荷は地球規模で増大を続け、めぐりめぐって人類自らの存続を脅かしている。この事態に立ち向かうべく新しく提唱された領域横断的な学問が、コンサベーション・バイオロジー（保全生物学）である。自然を単に物理的・概念的な「柵」で囲い込み《守り》に入るのではなく、かといって人よりも自然を優先させるのでもない。コンサベーションは、科学的知見に基づき、将来を見据え、現実的な選択によって人も自然もともに今より良い状態が達成されることに一番の重きを置く、いわば《攻めの自然保護》だ。姿を消した種を他所から人の手で再導入し復活させることも保全生物学の手法のひとつ。だが時にはそれが、守りたいはずの動物に厳しい現実をつきつけることにもなってしまう。そのことがオオカミに味方する人々の中に生みだす心情的な反発も、著者らはきちんと受け止める。この冷静さを支えているのは、オオカミという存在を包含する社会全体への深い理解と、自然への愛だ。淡々と為すべきことを為す著者やバングス（一〇章）らの心のうちに秘められた情熱には、ただ感服するばかりである。

日本では一九〇五年を最後にオオカミの生息情報は途絶えたが、その我が国で、コンサベーションの取り組みはどうであろうか。

日本でも、各地でさまざまな自然回復の取り組みが行われ、一度は姿を消したコウノトリやトキも、近隣国からの再導入で野生復帰を果たした。だがそこには本書で展開する《戦い》と決定的な違いがある。これらの鳥が、公的に復活させる事業の対象に選ばれた理由は、《地域社会のあるべき姿》をとりもどすための、分かりやすくて人々が共有しやすいシンボルだったからだ。その種の絶滅から生じた《生き物のつながりの重大な欠損》を補修するためではない。

かつてのイエローストーンのように、いま日本各地の森では、共進化してきた捕食者オオカミを失ったニホンジカが爆発的な増加を続ける深刻な事態が進行している。イエローストーンで著者らをオオカミの復活へと突き動かした《生命の環《わ》の道》（二一一頁）を知り、日本の現状を知る人々は、日本でも生態系の修復のためには近隣国からオオカミを再導入すべきだと提唱している。序文でミッチ博士が述べているように（一〇頁）、オオカミの復活はカニス・ルプスという一つの種だけの問題にとどまらない。その存在と復活を考えることから、人はおのずと、自らが拠って立つ生態系全体へ、そして人はそこで何を為すべきかということへと、目が開かれていくのだ――かのレオポルド（六一頁）のように。しかし日本は今、そういう動物を失ったままだ。

人の社会にとっての自然環境の大切さに国や文化の違いはなく、食物連鎖や共進化といった《自然の仕組み》が人の都合に合わせたものではないのも同じだ。日米の違いは、人が自然とどう向き合うかを規定する法律や、人々の意識、教育、人材や財政の重みづけといった人の社会の側の事柄であり、社会はそこに暮らす人の知恵と総意によって変えていくことができる。本書こそ、その実例だ。

もちろん法律や社会を変えるのはたやすいことではない。だが、その時点では考えられなかったことも、いつか実現する日が来る。私の実家の引き出しには、すっかり色褪せた二〇〇〇年頃の新聞の切抜きがある。北海道のヒグマについての記事で、写真の人物は山中正実氏（現・知床博物館館長）だった。彼は人とヒグマの共存を目指し、関係者や地元の人々のさまざまな願いが交錯する知床の《あるべき姿》を模索し、難しいですねと問う記者にこう答えている。「難しいということが、やらない理由にはならない」。――その後、知床はヒグマ管理についての取り組みを進め、世界自然遺産となった今、《人とヒグマが共存する地》として大きな注目を集めていることは周知の通りだ。

意志の力とよりよい未来を願う力が、科学的な知見にもとづく取り組みによって《人と野生動物が共存する社会》を導く。本書に登場する人物たちのように、科学的根拠と信念に従い、時には困難をもエンジョイするくらいのしなやかな心で行動することで、人は自然のために貢献することができる……。そんな勇気をお伝えしたくて翻訳に取り組んだ。

毎日の通勤電車のおともに読んでいた原書の面白さと意義に気づいた朝倉が、何とかこれを日本に紹介したいと南部に提案をもちかけ、拙訳『オオカミ――迫害から復権へ』の編集者だった金子ちひろさんにご相談申し上げたところ、思いがけず白水社から出版できることになりました。その後、オオカミに関する書籍も数多く手掛けてこられた稲井洋介さんに編集をお引き受けいただき、何とか仕上げることができました。心より感謝を申し上げます。

本書をきっかけに、日本でも一人でも多くの方が――自然科学だけでなく社会学の分野の方も――オオカミが導いてくれる《生命の環《わ》の道》に気づき、コンサベーションの取り組みを進め、オオカミの復活に挑んで下さったら、それにまさる喜びはありません。

日本のオオカミ絶滅から一一〇年目の年に――

南部　成美

日本語版『ウルフ・ウォーズ』に寄せて

世界中でオオカミは長らく「人類の敵」であり、「この世に存在する必要のない動物」であった。しかし、アメリカの生物学者がオオカミを根絶するために研究してみると、生態系の相互作用のなかでは最も重要な動物だったことに気づいた（『オオカミ――迫害から復権へ』ギャリー・マーヴィン著、白水社）。それがアメリカの自然保護思想をさらに進化させ、イエローストーンにオオカミを復活させようという運動につながっていく。

本書は、日本から遠く離れた場所でおきたできごとを描いている。しかし、日本とはまったく関わりがないように見える広大なアメリカの、世界で最も古い国立公園での肉食獣復活の物語が、日本の野生動物の歴史や未来に関わりがある、といったら意外に感じられるだろうか。

実は関係があるのだ。

それを理解するために、オオカミの絶滅と復活にかかわる日米の歴史を見直しておきたい。

東西から日本へ迫る毛皮交易圏

欧米の歴史を動かしてきた要因のひとつは毛皮の市場だった。軽く、優美な光沢をもつビーバーやクロテンなどの毛皮は富と権力を象徴するステータスシンボルであり、ヨーロッパの上流階級では歴史家が「流行の狂気」と呼ぶほどの大流行が長く続き、地域的にも、階層的にも市場を拡大していった。ヨーロッパ周辺の毛皮獣を獲りつくした後、毛皮交易圏はさらに資源を求めて東西へ向かった。

北米大陸の毛皮資源を最初に発見したのは、ヨーロッパの胃袋を満たそうと大西洋に乗り出した漁師らしい。一六世紀、新大陸の北東岸ニューファンドランド沖にタラの大漁場を発見したヨーロッパの漁師たちは、干しダラを現地加工するために上陸して定住を始め、先住民と交流が始まった。その頃の事情を『世界各国史23　カナダ史』（木村和男編、山川出版社）はこう書いている。

鱈と並んでヨーロッパ人を引きつけたのが、毛皮であった。とくにヨーロッパで絶滅に近かったビーバーの毛皮は良質であり珍重された。たとえば、毛皮の内毛を剃り取りフェルト生地と混ぜ合わせることで独特の光沢をもつ帽子がつくられたのである。毛皮は彼らにとって理想的な交易品であった。それはヨーロッパではほとんど生産されない奢侈品であり、かつ軽量であるため、一度の輸送で多くの利潤をあげることができた。しかも、交易の際に先住民に与えたのは、毛皮とは比較にならぬほど廉価なビーズや、ナイフなどの日用品であった。（中略）一五九〇年代にはいると、毛皮交易は、もはや鱈漁業の副産物ではなく、それ自体植民地建設を推進する重要なステープル（主要交易品）となった。

ヨーロッパで高価に取引される毛皮を求めてフランス、オランダ、イギリスの毛皮猟師は、ルイスとクラークの探検（一九世紀初頭）のはるか以前に、大西洋を渡って新大陸奥深くに入りこんだ。そのためアメリカが独立する頃には、毛皮をもつ獣はほとんどが数を減らしていた。ビーバーだけでなくバイソンもシカも、野生動物はなんでも狩猟対象になっていった。やがて毛皮猟師はいくつも作られた「毛皮会社」に組織化され、北米大陸のすべての野生動物を獲りつくし、さらに進んで西海岸に達し、ビーバーにもまして良質の毛皮をもつラッコを獲るため北太平洋へと進出した。

同じ時期に、やはりヨーロッパの毛皮需要を満たすためにシベリアに向かったロシアの毛皮猟師や商人たちも、東へ進んで北太平洋に達し、やはりラッコ猟に狂奔し、ロシアは北方から日本に通商を求めて開国を迫った。

日本は供給源としてだけではなく、毛皮の市場としても期待され、欧米諸国も開国を求めていた（『毛皮と皮革の文明史』下山晃、ミネルヴァ書房）。

日本のオオカミ根絶――アメリカ文明との交錯

そうした欧米の毛皮市場をめぐる歴史が日本のオオカミ絶滅に関わってくる。毛皮市場がオオカミの獲物を奪ったのだ。

明治二年（一九六九年）、明治新政府は、北海道開拓と北方の防衛のため、北海道開拓使を設置した。しかし財政難のため資金を現地調達する必要があり、シカ皮のなめし工場を含む様々な工場が官営で建設された。エゾシカ皮は、明治五年（一八七二年）から一三年（一八八〇年）の間に、実に約四〇万枚が輸出されている。日本の港にやってきた海外の貪欲な毛皮市場が吸いあげたのだ。エゾシカはこうした乱獲に加え、明治一二年（一八七九年）の大寒波による大雪で、大量餓死により激減した。

一方、明治政府は殖産興業策として、実現まで時間のかかる重工業の振興に先立って、農業の近代化を図るため、アメリカから農業技術を導入する。オハイオ州出身の畜産農家エドウィン・ダンは、お雇い外国人として明治六年（一八七三年）に来日した。彼は後に外交官として日本に駐在することにもなり、札幌に記念館まで建つことになった北海道酪農の父と呼ばれる人物だ。彼ら外国人の指導で、牛や羊、馬の生産が始まった。明治五年に、北海道産馬の改良を目的として、静内《しずない》、新冠《にいかっぷ》、沙流《さる》の三郡に及ぶ最大時約七万ヘクタールにもなる（開設当初は七〇〇〇ヘクタール）新冠《にいかっぷ》牧場が創設されている。隅々まで目が行き届かず、放牧している馬を管理できないほどの広大な放牧地である。

エゾシカが減り始めた頃から、新冠牧場の放牧馬が野犬やオオカミに襲われるようになり、エドウィン・ダンが導入したアメリカ畜産業界の当時の常套手段、すなわち報奨金と毒薬ストリキニーネによって駆除されることになった。明治一〇年（一八七七年）以降明治二一年（一八八八年）までの一二年間にオオカミに支払われた報奨金は一五三九頭分と記録されている。報奨金が支払われない開拓使による駆除も含めると、二〇〇〇頭程度が確実に駆除され、記録に残らない捕獲も多数あったと推測されている。もちろん、オオカミの毛皮も輸出の対象になった。

ハイイロオオカミのナワバリ面積から考えると、北海道のエゾオオカミの生息頭数は二〇〇〇から三〇〇〇頭程度と推定できる。その絶滅は、本書に書かれているアメリカの場合と同様の経過をたどったのだ。開拓使は、オオカミの獲物動物を乱獲してエサを奪い、家畜を放牧した。オオカミは、いなくなってしまった本来の獲物の代わりに放牧家畜を捕食し、明治新政府は殖産興業政策の敵として、多額の報奨金をかけてオオカミを根絶したのである。日本でオオカミが絶滅したとされている時期は、アメリカ四八州でオオカミをほとんど絶滅させた時期と重なる。日米で同時期にオオカミが絶滅したのは、偶然ではない。

まったく同じ時期、東北地方でもオオカミが駆除され報奨金（駆除手当金）が支払われた記録が、警察や役所に残っている（中沢智恵子「明治時代、東北で行われた狼の駆除」、『オオカミが日本を救う！』白水社所収）。東北北部はもともと馬の生産地であり、東北地方全域で士族の授産農場も数多く開設されていた。また那須高原には、多数の華族が出資した多くの牧場が開設された。千葉でも明治八年御料牧場が開かれ、牧畜の実験が始まっている。全国各地に酪農牧場が開設されるのも明治中期である。

アメリカの畜産技術がオオカミ根絶の思想を背負って北海道に入ってきたことは確実であり、オオカミの獲物動物であるシカなどの乱獲が各地で続いたことも事実である。近代農業を本州にも広げる過程で、オオカミは害獣として駆除されたものと考えられる。

カイバブ高原やイエローストーンと、日本の類似

さて、時代は現代に飛ぶ。アメリカでイエローストーンのオオカミ再導入の議論が始まり、実現に向かっていた一九八〇年代に、日本でも野生生物をめぐる動きがあった。

明治時代以降、高度成長期の直前まで、野生動物は、国内外の毛皮・皮革市場や軍需に支えられて取引価格も高かったため乱獲され、増える気配はなかった。野生動物、特にシカが増加に転じたのは、人間社会の変化が原因である。

一九六〇年代の高度成長期まで日本の社会は、ほとんどのエネルギーや食料、衣や住の素材を国内で、特に森林から供給される資源でまかなってきたが、高度成長期を境に日本社会に流通する物産の素材は入れ替わり、山間地でも衣食住の資源がすべて外部から供給されることになった。毛皮や皮革の用途もほとんどが化学繊維で代替され、鹿角が利用されていた漢方に頼る医療も大きく後退する。その結果、国内の毛皮や鹿角は市場価値がほとんどなくなった。牛・豚の生産拡大と輸入自由化が始まり、自動車

の普及や道路網の拡大などでチルド配送網が完成したため、どんな山間地にも新鮮で手ごろな肉が供給され、山から獲ってくる野生肉は敬遠されることになる。獲っても儲からず、食べられることもないシカや野生動物を、猟師は獲らなくなった。

世の中には仕事があふれていたので、山間地の住民は山を下り始め、七〇年代頃から過疎の村が目立つようになる。また環境行政が自然環境をテーマにするようになり、禁猟区や保護区の面積が増えたほか、別荘地や牧場、ゴルフ場、スキー場を作るために、実質的に狩猟から保護される面積がさらに大きくなった。

本書第三章（五六頁）で見たように、今から一〇〇年ほど前にグランドキャニオン近くのカイバブ高原では、捕食者を根絶し、シカの狩猟を禁じた。イエローストーンでもオオカミを根絶した後に、エルクの間引きをやめて自然調節に任せた。

高度成長期以降の日本でも、一〇〇年前のアメリカと同様の状況が現れたのである。オオカミはすでに絶滅し、狩猟圧は急速に後退した。シカは豊富なエサを食べて増え続けることになった。その結果、一九八〇年代からシカの増加が人の目に触れ始めた。シカは年を追うごとに等比級数的に増加した。増えすぎたシカは植物を食べまくり、森を荒らした。高山植物は消え、木は樹皮をはがされて枯れ、白骨のような枯れ木が林立し、芝生のようになったササの草原が出現した。下層植生がほとんど失われ、裸地になったところでは土壌の流亡も始まった。食草に依存する昆虫や蝶、隠れ場を必要とする鳥類や、他の哺乳類も減り始めた。そんな山域が増え、日本の自然がどんどん劣化していったのだ。

頂点捕食者オオカミが不在の日本で、草食獣の爆発的増加による自然の内部崩壊《メルトダウン》が始まった。

日本のオオカミ復活

この事態を前に、関係官庁、研究者、自然保護団体、地方行政はなすすべを知らなかった。シカが増え始めた一九八〇年代、駆除に踏みきるまでの議論に多くの時間が費やされた。まだ保護が必要だと考えられていたからである。一九九〇年代後半からは、及び腰ながら各地で駆除・管理捕獲が始まったが、時間がたつにつれてシカの増殖が生半可な対策では抑えられないことがわかってきた。

シカの増えすぎのために起きている生態系の混乱を、本来はシカの研究者だった東京農工大学の丸山直樹助教授（当時、のち教授・名誉教授）は、頂点捕食者を欠いた生態系の問題と捉え、一九九〇年前後からオオカミ復活を主張し始める。そして日本でのオオカミ復活実現を目的に、一九九三年に市民団体・日本オオカミ協会を設立した。他に和田一雄東京農工大学教授（当時）、小金澤正昭宇都宮大学助教授（当時、のち教授）、故神﨑伸夫東京農工大学助手（当時、のち助教授）が参加している。そして一九九六年に国際シンポジウムを開くなどの普及活動を開始した。その後、協会はシンポジウムの開催や市民集会、イベントや展示などの形で、オオカミ復活のアピールを全国的に展開している。

二〇〇二年になると、オオカミの復活を主張する声が北海道からも上がった。知床一〇〇平方メートル運動（その後知床博物館）専門委員会の石城《いしがき》謙吉座長（北海道大学名誉教授）が機関誌で、「オオカミとカワウソの復活を積極的に検討する」と宣言したのだ。

日本でもオオカミ復活の検討が進むかに思われたが、石城が座長を退任した後、知床が世界自然遺産に登録されたことを記念して開かれたシンポジウム（二〇〇五年）を境に、知床からのオオカミ復活に関する発信はネガティブなものに変わり、二〇〇六年以降ほとんど発信されなくなってしまった。

知床は世界自然遺産登録にあたって、陸上生態系でのエゾシカの増えすぎが課題とされ、二〇〇五年のシンポジウムではそのテーマで、日本の研究者とアメリカから招かれたイエローストーンの生物学者の間で討論が行われている。本書にも登場するエド・バングスをはじめとするイエローストーンの生物学者たちが来日し、実際に知床を視察した後、自分たちの経験をもとに「知床の生態系の課題解決にはオオカミの復活を検討すべきだ」と提言した。しかし議論はかみあわず、平行線をたどった。日本側は、行政制度、財政規模、人事の体制、国立公園の管理、そして市民の意識がアメリカとは違うため、日本ではオオカミ再導入は考えられないというのである。

その討論の経緯は『世界自然遺産　知床とイエローストーン――野生をめぐる二つの国立公園の物語』（朝日新聞社）という報告書にまとめられ、出版されている。その中からオオカミ再導入に関わる部分だけを要約すると、このシンポジウムの討論の構図はこうなる。

【アメリカ側】

オオカミを失った知床は生態系としては不完全なものである。知床の状況をイエローストーンの再導入前の状況に照らしてみると、ここにはオオカミ再導入が必要である。そのためには、法律や補償制度、組織の一元化等、やるべきことはたくさんあるが、オオカミを再導入する生態系へのメリットは大きい。危険性が危惧されるなら、知床半島基部にフェンスをつけるとか、電波発信機で追跡し、はみ出た個体は元に戻すとかいう方法もある。もちろん、決めるのは日本人である。

【日本側】

オオカミ再導入の生態学的な正しさとメリットはわかるが、日本では知床に関わる組織が多く、バラバラで国立公園管理体制もできていない、どこがイニシアチブを持っているのかもはっきりしない状態だ。人員も予算もアメリカと比較することもできないくらい貧弱だ。家畜に対する被害の補償制度、多大な労力を必要とする保護管理組織は日本にはない。被害補償制度を確立し、十分なオオカミの管理体制が構築されて人との軋轢が防止される保証がない限り、オオカミの再導入に対する一般の合意は得られないだろう。

日本人にはオオカミ恐怖症が蔓延していて、人々の間に定着した考え方を変えていくためには大変な努力が必要である。オオカミ復元の実現には多くの人々がそれを望む時代の到来を待つ必要がある。再導入の是非は、科学的検討だけですまされるものではなく、最終的には社会全体が判断するべきものであろう。

本書に描かれたのと同じ課題がこのシンポジウムにはあった。違う点は、「オオカミのオの字も考えてはいけない」とウォーラップ上院議員に言われた（本書一一〇頁）わけでもないのに、日本の自然保護当事者である研究者たちが、オオカミ復活の議論を避けようとしていたことだ。

オオカミ復活に関する姿勢は、国の自然保護担当官庁である環境省も同様である。二〇一〇年ごろから国内メディアには、農林業被害だけでなく、シカの増えすぎによる高山植物被害、森林被害などが頻繁に登場するようになり、日本社会の目は、確実にシカ問題に向き、オオカミ復活の話題も登場するようになってきたが、環境省は、オオカミ復活は「議論の俎上にもない」、と新聞のインタビューににべもなく答えている（下野新聞二〇一〇年九月四日）。

環境省は、駆除・管理捕獲という名の「草食獣コントロールプログラム」を強化し続けているが、シカは増え続けている。近年では、頭数管理を支援するため全国の自治体や農林業関係団体がジビエ（野生肉）料理を振興し、シカを資源化することで、増えすぎを抑制しようという動きも活発になってきた。若手ハンターの育成を、農水省も環境省も後押ししている。しかし生態系を修復することは、環境省の視野には入っていないように見える。

一方、日本オオカミ協会が、三年に一度継続しているオオカミに対する一般市民の意識調査の結果は、二〇一三年の七回目にして劇的に変化した。オオカミ再導入に関する賛成意見が四〇％を超えたのである（アンケート総数約一万五〇〇〇、賛成四〇・三％、反対一二・八％）。オオカミと日本の生態系に関する正しい情報が、徐々に市民に広がっていることを感じさせる結果である。

二〇一四年には、『オオカミが日本を救う！――生態系での役割と復活の必要性』（丸山直樹編著、白水社）をはじめ、モウェットの『ネバー・クライ・ウルフ』の新訳本（築地書館）や前出のマーヴィンの訳本、拙著『オオカミと森の教科書』（雷鳥社）など、オオカミ復活を後押しする書籍の出版が相次ぎ、ようやく社会的な議論を始める土壌が醸成されてきたようにみえる。

こうしたシカ問題・オオカミ問題への関心の高まりを背景に、政治の世界に新たな波紋が起きた。二〇一四年四月、国会で初めてオオカミをテーマとする質疑があったのだ。衆議院環境委員会で二人の議員（民主党・篠原孝、日本維新の会・百瀬智之）が「オオカミ復活をどう考えているか」と国の姿勢を問いただした。日本のオオカミ支持派（日本オオカミ協会の会員など）は、ハンク・フィッシャーがオーエンス議員の法案提出を知った時のような驚きを味わった（一六〇頁）。日本オオカミ協会も国会議員に対するロビー活動を続けてきたが、この二人の行動は想定外だった。日本の国会もやはり

「謎の宮殿《パズル・パレス》」だったのだ。

その質問に対して環境省副大臣はこう答えている。

「ニホンジカの個体数の減少に対する効果が定かでない上、人身被害の発生、家畜等や愛玩動物への被害、感染症による他の動物への影響、狂犬病など、動物だけでなく人にも感染する感染症による人への重大な影響などの懸念がある」（衆議院環境委員会議事録より）

この時点でもまだ、環境省の答弁からは、日本の生態系そのものがオオカミという重要な種を失って壊れ始めているという認識はうかがえない。欧米のオオカミ研究はすでに、こうした懸念に答える成果を出している。副大臣の答弁はそうした成果をまったく知らないことを示しており、これが主管官庁のコメントだと聞けば、欧米の自然保護関係者は絶句するにちがいない。

これが、二〇一四年までの日本のシカ問題、オオカミ問題に関わる情勢である。

日本のウルフ・ウォーズ

お雇い外国人エドウィン・ダンの来日から一四〇年後、知床のシンポジウムで再び日本人が出会ったアメリカ人のオオカミ観は、「オオカミはいったい何の役に立つのだ?」ではなく、「オオカミは生態系に不可欠の動物」へと一変していた。アメリカでは、畜産農家や狩猟者のなかにはまだ反対する人たちも残っているが、「自然や生態系を護り、維持するためにオオカミが不可欠な要素である」という生物学者の結論を、行政機関も多くの市民も受け入れて、オオカミ復活が実現した。

一方日本では、生態系の維持に欠かせないオオカミを失ったまま一〇〇年が経過し、多くの人が（研究者でさえも）「伝説のオオカミ」を怖れて、今の日本の壊れかけた生態系を「オオカミがいなくてもいいのだ」と思い込もうとし（本当だろうか？）、その修復のための議論を始めてこなかった。

私たちは、アメリカの「ウルフ・ウォーズ」の経験から学ぶことがたくさんある。アルド・レオポルドの自然の見方。ムーリー兄弟やダグラス・ピムロット、デイヴィッド・ミッチらが着実に積み重ね、現在のイエローストーンにも引き継がれているオオカミや生態系の研究成果。ハンク・フィッシャーやウィリアム・モット、エド・バングスたちが経験したバイオポリティクス（生物をめぐる政治）の現実。どれも私たちにとっては大きなヒントになる。レス・ペンゲリー教授が学生であるフィッシャーに「世界中で応用可能だ」と教えたように（五七頁）、イエローストーンの教訓は日本の自然の未来にも応用できるのだ。

日本でのオオカミ復活の本格的な議論はこれからだ。オオカミが日本の自然に「いるべき存在」なのか、それを国民が受け入れるのか、日本の「ウルフ・ウォーズ」はこれから始まる。

朝倉　裕

オオカミが日本を救う！

生態系での役割と復活の必要性

丸山直樹 編著

ニホンオオカミ絶滅の実態とそれによる自然破壊を詳述し、真のエコロジーに立脚しつつオオカミ再導入に対する全ての疑問・誤解に答える。頂点捕食者の復活を全国民に訴える渾身の全十八章！

オオカミ

迫害から復権へ

ギャリー・マーヴィン 著／南部成美 訳

人間が歴史的にオオカミに投影してきたものとは何か？　最新の研究に基づいた生態学的側面から文化史的側面までを幅広く紹介。さまざまな偏見を取り払い、オオカミへの理解が深まる好著。

哲学者とオオカミ

愛・死・幸福についてのレッスン

マーク・ローランズ 著／今泉みね子 訳

気鋭の哲学者が仔オオカミと出会い、共に生活しその死を看取るまでの驚異の報告。野生に触発されて著者は思索を深め、人間存在についての見方を一変させる画期的な研究を結実させる。各紙誌で絶賛の話題作！

訳者紹介

朝倉　裕（あさくら ひろし）
1959年東京生。早稲田大学商学部卒業。有機農産物流通の仕事の傍ら、1995年から日本オオカミ協会に参加。シカ等の被害地調査や内モンゴル地域のオオカミ調査などに加わる。現在、オオカミと森・人間社会との関係を研究中。著書に『オオカミと森の教科書』（雷鳥社）がある。

南部 成美（なんぶ なるみ）
宮城県出身。東北大学文学部卒業。社会学科で心理学を専攻し、仕事の傍ら自然保護に関心を持ち続け、2000年に上京。東京農工大学大学院農学研究科修了。修士（農学）。日本オオカミ協会会員。共著訳書『オオカミを放つ』、訳書『オオカミ―迫害から復権へ』（白水社）がある。

ウルフ・ウォーズ　オオカミはこうしてイエローストーンに復活した

2015年 4 月10日　印刷
2015年 4 月25日　発行

著　者　ハンク・フィッシャー
訳　者 ©　朝倉　裕
　　　　南部　成美
発行者　及川　直志
印刷所　株式会社　三秀舎

発行所　株式会社　白水社
101-0052東京都千代田区神田小川町3の24
電話 03-3291-7811（営業部），7821（編集部）
http://www.hakusuisha.co.jp
乱丁・落丁本は、送料小社負担にてお取り替えいたします。

振替 00190-5-33228　Printed in Japan　株式会社松岳社

ISBN978-4-560-08429-8

索　引

か 行

さ 行

た 行

な 行

は 行

ま 行

や 行

ら 行

わ 行

謝　辞

多くの人がこの本を世に出すために時間を割き、たくさんの助言をくれた。まず最初にあげなければならないのは、Carol Woodruffだ。彼女はこの本を編集するだけでなく、個人的にも関心を寄せてくれた。彼女は職務の範囲を超える、はるかに多くの洞察力と励ましを与えてくれた。この本は、彼女の助けなしには書き上げられなかった。深く感謝している。

また私は、機関誌ディフェンダーズの編集者であるJames G. Deaneにも特別な感謝を感じている。彼は完成原稿を点検し、さらに正確で読みやすいものにしてくれた。私の妻Carolには調べものや編集上の助力、そして励ましを与えてくれたことに対して感謝と愛情を伝えたい。私の息子たち、AndyとKitも、このプロジェクトに強く興味を示し、私を助け、支えてくれた。ありがとう。もう私たちも普通の生活に戻れる。

原稿を読んでくれた人たちからも多大な恩恵をこうむった。John Varley、Brian Kahn、John Weaver、Dan Pletscher、Paul Schullery、Steve Fritts、彼らの批評はこの本をぐんと良いものにしてくれた。とりわけ、Ed Bangs、Carter Niemeyer、Dave Mech、Doug Chadwick、Timm Kaminski、David Carr、Pat Tucker、Bruce Weide、Jerry Jack、Tom Franceには、特定の章を点検してもらったことに感謝の念を申し上げる。ほかにも情報を探し、事実を確認してくれたすべての人に感謝する。

ディフェンダーズ・オブ・ワイルドライフと理事会の方々が組織

を支えてくれたおかげで、私は17年取り組んでこられた。そのことに特別な感謝を申し上げたい。ディンダーズ代表、Rodger Schlickeisenには、この本を書いている間、通常業務から私をはずしてくれたことに感謝している。この本にある意見や認識は、あるいは間違いがあるかもしれないが、それは私の責任であり、ディフェンダーズの責任ではないことをはっきりさせておきたい。

あまりに長くなりすぎるため、イエローストーン公園のオオカミ物語にかかわる重要な登場人物すべての方々に言及はできないことをお詫びしたい。どの人も賞賛に値するのに、書ききれないのが残念だ。

ディフェンダーズのスタッフらによるイエローストーン公園のオオカミ復活への過去20年にわたる多大な貢献に、お礼を申し上げたい。とりわけ、Dick Randall、Cindy Shogan、James Deane、Ginger Meese、Rupert Cutler、Evan Hirsche、そしてMinette Johnsonに。

イエローストーン公園で2年間、夏に行われた「オオカミに投票して！」キャンペーンで働いてくれたMollie Mattesonと、世界中から来てくれたボランティアにも十分な感謝が与えられるべきだ。あなたたちの働きは大きかった。

また、この本では取り上げることができなかった重要な保護団体による多大な貢献も評価に値すると感謝申し上げたい。全米野生生物連合のMike Roy、Carol Alette、Steve Torbit、オオカミ基金のNick LaphamとMollie Clayton、オオカミ復活基金（現オオカミ教育調査センター）のSuzanne Laverty、また環境保護基金のMichael Bean、大イエローストーン連盟のEd Lewis、全米オーデュボン協会（現全米魚類野生生物基金）のWhit Tiltに。

同様に、ディフェンダーズがイエローストーン公園でオオカミの仕事をするのを支えてくれた個人や企業にも感謝したい。特にLen & Sandy Sargent夫妻、Bob & Hopie Stevens夫妻に。企業、団体では特にパタゴニア社、レクリエーショナル・エクイップメント社、ラーソン基金、そしてチェイス基金にもお礼の言葉を申し上げる。

州政府、連邦政府機関の多くの人たちも、最高の役割を演じてくれた。中でも魚類野生生物局のJoe Fontaine、Carol Tenney、Dale Harms、Larry Shanks、そしてKemper McMaster、国立公園局ではNorm Bishop、Marsha Karle、Amy Vanderbilt、そして農務省森林局のJay Goreのお名前を挙げたい。

最後に、「カスパー・スター・トリビューン」紙のDan Neal、Andrew Melnykovych、「アイダホ・フォール・ポスト・レジスター」紙のRocky Barker、「ビリングス・ガゼット」紙のMichael Milstein、彼らがオオカミ復活について正確に、矛盾なく記録してくれたことに感謝したい。その他各メディアでそれぞれ良い仕事（公正だという意味で）をしてくれた人々にもお礼を申し上げる。

すべての人に感謝してもしきれないことは承知している。やむをえず省かせていただいた方には深くお詫びする。

ハンク・フィッシャー